ÉTUDE DE L'ÉTAT PHYSIQUE

DU CALCAIRE

CONSIDÉRÉ

COMME CAUSE DÉTERMINANTE DE LA CHLOROSE

PAR

F. HOUDAILLE | L. SEMICHON

PROFESSEUR | RÉPÉTITEUR

A L'ÉCOLE NATIONALE D'AGRICULTURE DE MONTPELLIER

Extrait de la *Revue de Viticulture*

PARIS

ÉTUDE DE L'ÉTAT PHYSIQUE

DU CALCAIRE

CONSIDÉRÉ

COMME CAUSE DÉTERMINANTE DE LA CHLOROSE

PAR

F. HOUDAILLE | L. SÉMICHON

PROFESSEUR | RÉPÉTITEUR

A L'ÉCOLE NATIONALE D'AGRICULTURE DE MONTPELLIER

Extrait de la *Revue de Viticulture*

PARIS

REVUE DE VITICULTURE

5, RUE GAY-LUSSAC, 5

1894

ÉTUDE DE L'ÉTAT PHYSIQUE DU CALCAIRE

CONSIDÉRÉ COMME CAUSE DÉTERMINANTE DE LA CHLOROSE

I. — LA CHLOROSE ET LE CALCAIRE

A. Historique

Nous nous sommes proposé, dans la première partie de notre travail sur la détermination de l'état physique du calcaire, de faire l'historique des divers faits observés qui ont établi le rôle essentiel joué par le calcaire dans le développement de la *chlorose* de la vigne. Nous analyserons avec plus de concision les diverses causes étrangères à la présence du calcaire, invoquées pour expliquer l'accident de la chlorose, car, bien que nous ne méconnaissions pas l'importance de quelques-unes d'entre elles, elles présentent toutefois des rapports moins directs avec le sujet de notre étude. Enfin nous laisserons également de côté, pour la même raison, l'historique des divers traitements proposés pour combattre la chlorose, et nous ne mentionnerons à ce sujet que les seuls faits qui pourraient apporter un éclaircissement utile sur le mode d'action du calcaire.

En 1843, Eusèbe Gris (1) rapportait le jaunissement des végétaux à l'altération de la chlorophylle et signalait l'action exercée par divers sels de fer, pour provoquer le reverdissement des feuilles chlorosées. Cette étude a été complétée, en 1857, par Arthur Gris (2), son fils.

En 1848, Dunal (3) signalait la présence du châtaignier, plante calcifuge, dans certains sols calcaires, et montrait que ces sols calcaires, se prêtant exceptionnellement au développement du châtaignier, contenaient toujours de la silice.

En 1861, le Dr J. Guyot (4) décrit la maladie du *cottis*, ou *pousse en ortille*, dans le département de la Charente-Inférieure. Les feuilles se recroquevillent et passent à l'étiolement blanchâtre. Cette maladie paraît résider dans le sol; elle se manifeste plutôt dans les terres blanches que dans les terres rouges. La prédilection de cette affection pour les terres blanches et pour les ceps à jus rouge semble indiquer que l'absence de l'élément ferrugineux n'est pas étrangère à son développement.

(1) Eusèbe Gris. *De l'action des composés ferrugineux sur la végétation*. Paris, 1843.

(2) Arthur Gris. *Annales des sciences naturelles*, t. VII, 4e série, 1857.

(3) Dunal. *De l'influence minéralogique du sol*. Montpellier, 1848.

(4) Dr J. Guyot. *Rapport sur la viticulture du département de la Charente-Inférieure*. Paris, 1861.

M. Chatin (1) signalait, en 1870, l'obstacle apporté au développement du châtaignier par la présence de 2,5 à 3 0/0 de chaux dans le sol.

En 1874, M. Boussingault (2) montrait que les feuilles chlorosées et les feuilles vertes préalablement desséchées contenaient des quantités de fer à peu près équivalentes.

En 1878, M. L. Vialla (3) rend compte d'une enquête sur les terres des environs de Montpellier et constate que partout les terres silico-ferrugineuses sont indemnes de chlorose. Quelques mois plus tard, M. Audoynaud (4) montrait que les plants américains venus en terre silico-ferrugineuses ne renferment que de faibles quantités de silice et de fer. D'autre part, MM. Fliche et Grandeau (5) démontraient que le pin maritime, espèce essentiellement calcifuge, même en terrain siliceux ne renfermant que 1/2 0/0 de calcaire, pouvait cependant présenter 40 0/0 de chaux dans ses cendres.

En 1880, M. Déjardin (6) étudiait parallèlement la résistance et l'adaptation des vignes américaines dans le département du Gard. Il émettait l'avis que l'adaptation marchait de pair avec la résistance. Les sols les plus réfractaires aux vignes américaines sont ceux qui présentent la teneur la plus élevée en calcaire, mais beaucoup d'autres éléments peuvent intervenir pour favoriser l'adaptation. Les propriétés physiques du sol interviennent peu, le rôle essentiel est joué par les propriétés chimiques. L'auteur examine l'influence de l'azote, de l'humus, de la chaux, de la potasse, de la soude, du fer, de l'acide phosphorique et de la magnésie. Il accorde une influence prépondérante à la magnésie pour favoriser la résistance et l'adaptation des vignes américaines.

A la même époque, M. Chauzit (7) comparait l'analyse physique et chimique de divers sols avec le développement des vignes américaines. L'adaptation des cépages américains apparaît à l'auteur comme une conséquence des propriétés physiques et chimiques des sols et sous-sols.

En 1881, M. L. Vialla (8) signalait les résultats favorables obtenus par l'emploi de l'Othello pour reconstituer des terrains blancs et un peu marneux.

M. Millardet (9) étudie la distribution des diverses espèces de vignes américaines dans les différents climats où elles se développent en Amérique. Se basant sur des analogies de climat, M. Millardet pense que les cépages adap-

(1) Chatin. Le Châtaignier. Terrains qui conviennent à sa culture. *Bulletin de la Société botanique de France* · 1870.

(2) Boussingault. *Agronomie, Chimie, Agriculture et Physiologie*. 1874.

(3) L. Vialla. Des vignes américaines et des terres qui leur conviennent, *in Messager agricole*, 1878.

(4) Audoynaud. *Messager agricole*, nov. 1878.

(5) Fliche et Grandeau. Influence de la composition chimique du sol sur la végétation du pin maritime, *in Annales de la science agronomique*, 1878.

(6) Déjardin. *Recherches et observations sur la résistance de la vigne au phylloxera*, 1880.

(7) Chauzit. Recherches sur quelques terres où l'on a planté la vigne américaine, *in Messager agricole, sept.* 1880.

(8) L. Vialla. Réunions viticoles de Montpellier 1881. *Compte rendu*.

(9) Millardet. Adaptation au climat et au sol, *in Journal d'agriculture pratique*, 1881.

tés au climat méditerranéen devront être recherchés dans les États du Texas, du Nouveau-Mexique et de la Californie. Ceux propres au climat girondin devraient plus spécialement être rencontrés dans l'État du Missouri. Il étudie l'influence de la silice et celle du fer, signalée par M. Despetis et M. L. Vialla, et montre qu'il n'y a pas de relation immédiate entre la quantité de fer contenue dans le sol et celle retrouvée dans les plantes. Le fer agirait physiquement en favorisant l'absorption de chaleur par le sol. Le sable faciliterait le drainage du sol et préviendrait l'influence nuisible de l'humidité.

M. Audoynaud (1), rappelant l'opinion émise par M. Millardet sur le rôle du fer, pense que la constitution physique du sol détermine plutôt que sa couleur ses conditions d'échauffement. Le sable retenant moins d'eau s'échauffera davantage et le sol sera d'autant plus froid qu'il contiendra plus d'argile et de calcaire avides d'eau. La coloration du sol ne marche pas d'ailleurs de pair avec la proportion de silice. Mais les sols silico-ferrugineux des environs de Montpellier sont riches en potasse et se prêtent à la facile diffusion de cet élément.

M. Foëx (2) analyse les observations de MM. Vialla, Millardet, Chauzit et Audoynaud et conclut que l'absence d'éléments fertilisants n'est pas la cause de la chlorose. L'observation du développement de l'Herbemont chlorosé montre que l'évolution des bourgeons radiculaires y est en retard sur celui des bourgeons extérieurs. Les sols où l'Herbemont ne se chlorose pas s'échauffent de bonne heure au printemps, soit par suite de leur égouttement plus facile, soit par suite de leur coloration foncée qui facilite l'absorption calorifique. L'application de divers colorants, coke, terre rouge, à la surface des sols à Herbemont chlorosé élève leur température et prévient le développement de la chlorose.

En 1882, M. Planchon (3) décrit la maladie du Cottis ou pousse en ortille telle qu'elle se présente aux environs de Montpellier, et l'assimile à l'affection décrite par le Dr J. Guyot. Il montre qu'il n'y a qu'une différence de degré entre le jaunissement simple et le cottis. Il admet l'influence utile du fer soit comme aliment de la plante, soit comme agent facilitant l'échauffement du sol; il conclut que, si l'on peut essayer les traitements aux sels de fer, il vaut mieux s'abstenir de planter dans les terres crayeuses, marneuses ou travertineuses.

Le Dr Despetis (4) considère le Riparia comme l'un des cépages les moins difficiles sur la nature du sol; cependant il est fort médiocre sur des côteaux très calcaires où le Jacquez et le Solonis sont beaux. D'autre part, M. Verneuil signalait les échecs des plants américains dans les calcaires blancs et tendres et dans les sols marneux blancs des Charentes.

(1) Audoynaud. *Journal de l'agriculture*, 1881, Adaptation au sol des cépages américains.

(2) G. Foex. Causes de la chlorose chez l'Herbemont. *Revue des Sciences naturelles de Montpellier* 1881.

(3) J.-E. Planchon. Le cottis ou pousse en ortille, *in Vigne américaine* 1881.

(4) Despetis. Réunions viticoles de Montpellier 1882.

En 1883, le Dr Griffiths (1), étudiant l'emploi du sulfate de fer en agriculture, signalait son action plus spécialement active sur les plantes riches en chlorophylle et vérifiait expérimentalement le fait que le sulfate de fer augmentait la proportion de chlorophylle dans les feuilles.

En 1884 (2), M. Couderc constate que le York-Madeira jaunit moins que le Riparia dans les terres calcaires blanches ; le Solonis s'y développe mieux que l'un et l'autre de ces cépages. M. Sabatier signale la bonne tenue du Rupestris dans un terrain où le sous-sol de marne blanche est rencontré à 0 m. 20 de profondeur. M. Foëx indique des cas de dépérissement du Rupestris à la rencontre des marnes blanches. M. Planchon fait remarquer la réussite particulière du Jacquez dans les terres blanches où peu de variétés prospèrent. M. L. Vialla expose les causes de dépérissement des greffes de Riparia au Mas-de-Plagnol, près Montpellier. L'accident se serait produit à la suite de la suppression des racines émises par le greffon. M. U. Coste attribue cet accident à l'anthracnose, M. Viallettes à un traitement exagéré au sulfate de fer ; mais pour M. Despetis l'échec du Mas-de-Plagnol serait une complication de la chlorose.

En 1885, M. Cazeaux-Cazalet (3), étudiant les causes de la chlorose dans un vignoble situé à mi-pente d'un coteau fort argileux et quelque peu calcaire, les rapporte à la compacité du sol provoquée par son humidité exagérée au printemps. Le chevelu des racines de Riparia est moins abondant sur les points chlorosés. Dans les réunions viticoles (4) tenues la même année à Montpellier, M. L. Vialla estime que, dans les terres blanches, le Jacquez est le plus résistant de tous les cépages, M. Despetis signale néanmoins un cas de chlorose sur Jacquez en terre blanche. M. Laurent attribue au greffage l'étouffement partiel du sujet par le greffon et rapporte à cette cause les cas d'affaiblissement et de mortalité constatés sur les greffes de Riparia. M. Vialettes signale la résurrection des Riparia du mas de Plagnol.

En 1886, M. Cazeaux-Cazalet (5) confirme ses observations sur l'arrêt de développement des racines provoqué par la compacité du sol. La chlórose la plus grave se développe dans les sols argileux et calcaires avec sous-sol imperméable. Le drainage paraît être le remède unique et souverain de la jaunisse.

Le 23 juillet 1886, le Comité central d'études et de vigilance de la Charente-Inférieure, sous la présidence de M. Menudier, émet le vœu, dont M. Verneuil avait été le promoteur, qu'une mission soit envoyée en Amérique pour y rechercher les cépages susceptibles de s'adapter aux terres

(1) Dr Griffiths. Sur l'emploi du sulfate de fer en agriculture, *in Journal of chimical Society*, année 1883, et *in Annales de la science agronomique*, Nancy, 1887, t. II, fasc. III.

(2) Compte rendu des réunions viticoles de Montpellier, 1884.

(3) Cazeaux-Cazalet. *La chlorose au comice de Cadillac.*

(4) *Compte rendu des réunions viticoles de Montpellier*, 1885.

(5) Cazeaux-Cazalet. *Communication sur l'adaptation au sol*, avril 1886, et *Rapport au comice de Cadillac après l'enquête de juillet* 1886.

crayeuses. En décembre, un vœu semblable était formulé par la Société centrale d'Agriculture de l'Hérault.

M. Sahut (1) rappelle les cas de chlorose antérieurement observés sur l'Aramon et les cépages indigènes. L'accident était en général déterminé par un temps froid succédant à une série de beaux jours chauds et humides. La chlorose des vignes américaines doit être rapportée : 1° aux accidents de greffage; 2° à la non-adaptation au sol. Le sol à Riparia doit être profond, perméable et siliceux.

M. Rougier (2) n'estime pas que le Riparia se chlorose dans tous les sols calcaires, mais il signale l'action particulièrement chlorosante exercée dans l'Hérault par une couche spéciale du terrain tertiaire pliocène désignée par M. de Rouville sous le nom de marnes fluviatiles. Dans l'Ardèche (3), la chlorose se développe dans les terrains gréseux non calcaires, mais argileux et humides. La vigne prospère au contraire dans les terrains calcaires de l'Oxfordien et du Crétacé.

M. Chauzit (4) constate, dans le Gard, que les greffes sont belles dans les terrains argilo-calcaires profonds à sous-sol de même nature. Dans les terrains argilo-calcaires profonds à sous-sol marneux des environs d'Aigues-Vives et de Calvisson les vignes greffées sont chlorosées et quelques pieds succombent à cette maladie.

En 1887, au cours des réunions viticoles de Montpellier (5), M. Despetis reconnaît que le sous-sol formé de rognons de marne ou de marne compacte détermine la chlorose; mais, dans le plus grand nombre de cas, il faut en rechercher la cause dans l'excès d'humidité du sol. M. Foëx, comparant la marche de la chlorose avec celle des éléments météorologiques en 1884, 1885 et 1886, rapporte la chlorose à l'échauffement tardif du sol au printemps.

M. Planchon distingue chlorose et cottis : la première affection, peu grave, serait due aux printemps froids; la seconde, mortelle, aux marnes calcaires friables et à l'humidité Des débris de pierres calcaires, déposés au pied de platanes, en ont déterminé la jaunisse. M. Leehnardt signale l'apparition de la chlorose dans le sol de Verchant au moment où les racines, ayant traversé la couche de diluvium alpin, épaisse de 0 m. 75 à 1 mètre, sont arrivées aux marnes blanches. Mme la duchesse de Fitz-James signale, dans les Charentes, la résistance à la chlorose des Rupestris à feuilles couleur de plomb.

M. Bisset (6) admet, avec M. Bringuier, que la chlorose est due à l'altération de la chlorophylle. Cette altération étant déterminée par l'excès d'humidité et l'alcalinité du sol, il conviendrait de drainer le sol et de le rendre

(1) F. Sahut. La jaunisse ou chlorose des vignes, *in Progrès agricole*, 8 août 1886.
(2) Rougier. Le Riparia et les terrains calcaires. *Progrès agricole*, 29 août 1886.
(3) Rougier. La reconstitution des vignobles dans l'Ardèche. *Progrès agricole*, 21 nov. 1886.
(4) Chauzit. Enquête viticole faite par la Société d'agriculture du Gard. *Progrès agricole*, nov. 1884.
(5) *Réunions viticoles de Montpellier*, 1887.
(6) Bisset. *Progrès agricole*, 3 avril 1887.

acide. La chlorose devra se développer dans tous les sols basiques, calcaires, argilo-calcaires ou argileux.

M. le Dr Vialettes (1), cite parmi les terrains déterminant plus spécialement la chlorose, la couche de marnes fluviatiles pliocènes, certains sols tuffeux dans lesquels le travertin et le calcaire dominent, les sables jaunes supérieurs des environs de Montpellier. Beaucoup de marnes blanches contenant de très fortes proportions de carbonate de chaux, 46 à 48 0/0, mais dont l'état de division est dû à un mélange de sable et de cailloux roulés, conviennent assez bien à la vigne américaine. La chlorose passagère est due à l'humidité du sol et à sa froideur au printemps.

M. Ducos (2) estime que la chlorose en terre très calcaire peut être, dans la Vaucluse, efficacement combattue par le drainage.

M. Tord (3) signale les bons résultats qu'il a obtenus dans les Charentes par l'application du sulfate de fer, fin février, à raison de 130 grammes par souche, dissous dans 10 à 12 litres d'eau. M. Tord attribue la suppression de la chlorose à la transformation du carbonate de chaux dissous et nuisible en sulfate de chaux inactif.

M. de Montdésir (4) décrit un appareil pour le dosage du calcaire actif par l'acide tartrique. Il recommande l'attaque limitée à froid par un acide peu énergique pour caractériser la finesse du calcaire. L'attaque ne porte en effet, dans ces conditions, que sur le calcaire très disséminé, et seulement à la surface des grains plus gros. L'attaque est d'autant plus lente que les grains sont plus grossiers ; elle est plus rapide et se termine en deux minutes si le calcaire est divisé dans le sol en fine poussière.

M. Joulie (5) a observé que la chlorose se développait plus spécialement sur les vignes dont les tissus sont plus riches en éléments nutritifs et en fer. La chlorose serait due à une mauvaise utilisation des éléments assimilés par la plante. Le développement aérien ne marche pas de pair avec l'absorption radiculaire. Il y a, en général, manque d'éclairement pendant les printemps humides et froids où la chlorose se développe.

M. Cazeaux-Cazalet (6) attribue plus spécialement la chlorose, d'après les observations de 1887, au tassement et à la sécheresse du sol. Les sols calcaires absorbent plus d'eau, mais en perdent davantage par évaporation en se tassant fortement.

En 1887, par arrêté du 16 mars, une mission en Amérique était confiée par le ministre de l'agriculture à M. P. Viala, qui explorait, du 5 juin au 3 décembre, les diverses régions des États-Unis à la recherche des cépages susceptibles de s'adapter aux terres crayeuses des Charentes et aux

(1) Dr Vialettes. *La vérité sur les vignes américaines en* 1886.

(2) Ducos. La viticulture en Vaucluse, *in Progrès agricole*, 29 mai 1887.

(3) Tord. Expériences contre la chlorose en terre de Champagne. *Progrès agricole*, 13 mars 1887.

(4) De Montdésir. Sur le dosage rapide du calcaire actif dans les terres. *Comptes rendus de l'Académie des sciences*, 1887, t. CIV, et *Rapport à l'Académie de M. Schlœsing sur le mémoire précédent*, t. CV, p. 49.

(5) Joulie. Sur la chlorose de la vigne. *Société d'agriculture de Vaucluse*, 1887.

(6) Cazeaux-Cazalet. *Rapport à la Commission du comice de Cadillac*, 1887.

terres calcaires du Languedoc. Les résultats de cette mission furent publiés en juin 1889.

En 1888, M. E. Petit (1) attribue la chlorose à la désaération du sol par l'eau. Il distingue la chlorose par siccité, rare, et la chlorose par humidité, la plus fréquente.

En 1889, M. Cazeaux-Cazalet (2) rapporte la chlorose à une modification des racines par la compacité du sol. Les cépages à racines ligneuses minces et dures sont plus sensibles à la chlorose que les cépages à racines grosses et charnues. L'examen au microscope démontre que, dans les sols calcaires, le tissu fibreux des racines est extrêmement développé par rapport au tissu cellulaire, seul capable d'émettre de nouvelles radicelles.

En juin de la même année, M. P. Vialla (3) publiait les résultats de sa mission en Amérique en 1887. L'auteur donne les indications relatives à l'adaptation au calcaire des principales variétés américaines rencontrées en Amérique. L'analyse des terres faite par M. Chauzit montrait que le calcaire était l'obstacle généralement apporté par les sols de France à l'adaptation des vignes d'Amérique et que plusieurs cépages américains s'en accommodent toutefois. L'analyse physique et chimique montre que les terres de France très calcaires, et par suite à adaptation difficile, offrent une grande similitude avec certains sols d'Amérique où se développent sans chlorose le Vitis Berlandieri, le V. Cinerea, le V. Cordifolia, le V. Monticola et les Champins. M. Chauzit formulait la conclusion suivante afin de mieux préciser l'indication générale que l'on vient de rapporter.

Proportion de carbonate de chaux.	*Vignes américaines qui y prospèrent le mieux.*
Moins de 10 0/0	La plupart des vignes américaines.
De 10 à 20 0/0	Riparia, Taylor, Vialla,
20 à 30 0/0	Jacquez, Rupestris, Solonis.
30 à 40 0/0	Champin, Othello.
40 à 50 0/0	Monticola
50 à 60 0/0	Cinerea, Cordifolia.
Plus de 60 0/0	V. Berlandieri.

M. Schlœsing fils (4), après avoir apporté diverses améliorations à l'appareil qui avait servi en 1853 aux recherches de MM. Boussingault et Lévy (5) sur la composition de l'air confiné du sol, étudie, à l'aide d'un appareil portatif, les variations de la teneur en acide carbonique de l'atmosphère des sols. D'autre part M. Schlœsing père (6) avait montré expérimentalement la re-

(1) E. Petit. *La chlorose. Recherches de ses causes et de ses remèdes.* Bordeaux, 1888.

(2) Cazeaux-Cazalet. *Communication au Comice de Cadillac*, 1889.

(3) P. Viala. *Une mission viticole en Amérique, suivie d'une étude sur l'adaptation au sol des vignes américaines* par B. Chauzit.

(4) Schlœsing fils. Sur l'atmosphère contenue dans les sols, in *C. R. de l'Académie des Sciences*, 1889, t. CIX.

(5) Boussingault et Lévy. Mémoire sur la composition de l'air confiné dans la terre végétale, in *Annales de Chimie et de Physique*, 1853.

(6) Th. Schlœsing. *Contribution à la chimie agricole*, 1888.

lation qui lie la pression de l'acide carbonique à la quantité de carbonate de chaux mis en dissolution à l'état de bicarbonate. Les observations de M. Schlœsing fils démontrent l'existence d'écarts assez considérables dans le taux de l'acide carbonique suivant la nature du sol et suivant les conditions de pression et de mouvement de l'atmosphère extérieure. En réalité le taux de l'acide carbonique est sujet à l'intérieur du sol à de perpétuelles variations.

En 1890, M. Marguerite Delacharlonny (1) établit une classification des diverses causes de la chlorose; le sulfate de fer ne serait utile que pour remédier à la chlorose déterminée par le manque de fer dans le sol,

M. Foëx (2) distingue deux sortes de chlorose : l'une, permanente, due au calcaire; l'autre, accidentelle, qui ne fait son apparition que certaines années et qui paraît dépendre plus spécialement des conditions physiques du sol et des conditions météorologiques. La chlorose, quand elle n'est pas due au calcaire, serait la conséquence d'une température trop basse du sol et d'un trop grand écart au printemps entre la température du sol et celle de l'air.

M. Ravaz (3) signale l'action prépondérante du calcaire dans la production de la chlorose dans les terres crayeuses et dans les groies de la Charente; il constate le peu d'influence du sous-sol et l'aggravation de la chlorose produite par le greffage. Il indique les divers cépages qui s'accommodent le mieux des terrains calcaires de cette région.

En 1891, M. Pons (4) attribue la chlorose à la destruction de la chlorophylle par le bicarbonate de chaux. La sève des ceps chlorosés est légèrement alcaline ou neutre au lieu d'être acide.

Au congrès de Beaune (5), M. Pétiot rapporte la chlorose au calcaire; le mélange d'une certaine dose d'argile augmenterait la chlorose, la présence de la silice et du fer la diminuerait. M. Couderc indique les divers cépages qui conviennent, en Bourgogne, aux sols de diverses teneurs en calcaires; il signale l'indication donnée par la végétation spontanée sur la nature plus ou moins chlorosante du sol, et sur l'adaptation probable des différents cépages américains.

M. Ravaz (6) signale l'aggravation de la chlorose déterminée en terrain à sous-sol calcaire, par la sécheresse des assises supérieures. La proportion des divers éléments qui accompagnent le calcaire, notamment de l'argile, font en outre varier l'intensité de cette affection. L'humidité aggrave la chlorose en augmentant la quantité de calcaire mis à la dispo-

(1) Marguerite DELACHARLONNY. Essai de classification des diverses chloroses et leurs remèdes, in *Compte rendu Association française*. Congrès de Limoges, 1890.

(2) FOEX. Marche de la chlorose des vignes américaines de 1884 à 1890, in *Annales de l'École d'agriculture de Montpellier*, t. VI.

(3) RAVAZ. *Rapport au président du comité de l'arrondissement de Cognac*, 1890.

(4) PONS. Causes de la Chlorose, in *Progrès agricole et viticole*. 1891.

(5) *Compte rendu du Congrès de Beaune*. 1891.

(6) RAVAZ. *Rapport à M. le Président du Comité de Viticulture de l'arrondissement de Cognac*. 1891.

sition des racines. Les vignes américaines ou françaises greffées ou non greffées, jaunissent le plus à la deuxième année de la plantation.

M. Coutagne (1) recommande l'emploi de l'appareil de M. de Montdésir, qui permet de doser rapidement le calcaire total en porphyrisant la terre et le calcaire immédiatement assimilable, en la désagrégeant à la main. Cet appareil pourrait être utilisé pour dresser les cartes calcimétriques indiquant la nature des cépages adaptés aux diverses formations calcaires.

En 1892, MM. Viala et Ravaz (2), dans leur ouvrage intitulé : *Les vignes américaines. Adaptation*, insistent sur le rôle prépondérant du calcaire dissous dans le développement de la chlorose. L'humidité n'interviendrait qu'en favorisant la dissolution du calcaire. L'élévation de la température atténuerait la chlorose en déterminant l'évaporation de l'eau et la précipitation partielle du calcaire dissous. L'état physique du calcaire contenu dans le sol exerce une action manifeste sur l'intensité de la chlorose. Dans le cas où le calcaire en couche mince enrobe des grains de silice, la surface de contact de la racine sera notablement plus développée que dans le cas où des grains calcaires seraient enrobés par l'argile, car si c'est, dissous dans l'eau du sol, que le calcaire est le plus fréquemment absorbé par les racines, celles-ci peuvent aussi le rendre soluble et l'absorber (expériences de Sachs). Le calcaire agirait en diminuant l'acidité du suc cellulaire. Le carbonate de magnésie ne détermine pas la chlorose comme le carbonate de chaux. La vigne américaine prospère dans les sols contenant 42 0/0 de magnésie (analyses de MM. Chauzit, Jeanjean, Déjardin). MM. Viala et Ravaz indiquent, en outre, les facultés diverses d'adaptation des différents cépages américains aux sols calcaires.

M. Cazeaux-Cazalet (3), dans son mémoire sur les causes de la chlorose des vignes, étudie l'action des propriétés physiques des sols sur le développement de cette affection. Le mélange d'un peu d'argile au calcaire augmente la chlorose en accroissant la compacité du sol. Un excès d'argile, au contraire, diminue la chlorose en enrobant le calcaire. La chlorose n'est donc pas liée à la proportion absolue de calcaire. M. Cazeaux-Cazalet examine la constitution anatomique des racines prélevées sur des ceps atteints de chlorose à divers degrés ; le tissu conjonctif prédomine dans les racines des cépages résistants à la chlorose. La lignification prématurée des racines dans les sols chlorosants, déterminerait l'exosmose des éléments nutritifs de la plante et la suppression de la turgescence des cellules. Le jaunissement des feuilles succéderait à l'altération des racines.

M. Bernard (4) dans son ouvrage sur *le Calcaire*, décrit le calcimètre qu'il emploie pour le dosage du calcaire, par l'attaque à l'acide chlorhydrique. Il

(1) Coutagne. De l'influence du Calcaire sur les vignes américaines, in *Compte rendu de l'Association française*. Congrès de Marseille. 1891.

(2) Viala et Ravaz. *Les vignes américaines. Adaptation*. 1892.

(3) Cazeaux-Cazalet. *Notes sur les causes de la chlorose des vignes*. 1892. — Voir aussi B. Chauzit : Rôle de l'argile dans l'adaptation au sol des plants américains (*Revue de Viticulture*, 1894, page 132.)

(4) Bernard. *Le Calcaire*. 1892.

insiste sur l'influence de la ténuité et montre que l'action du calcaire peut devenir prédominante dans une terre argileuse, s'il y est à l'état d'extrême division, présentant une grande surface de dissolution. M Bernard indique que, si l'on sépare un sol en divers lots à l'aide de tamis de plus en plus fins, le calcaire p. 0/0 va en général en diminuant avec la ténuité. Mais il existe des sols où le fait inverse se vérifie ; ces derniers renfermeraient un calcaire plus fin, ils détermineraient plus spécialement la chlorose. M. Bernard signale également l'indication donnée par l'allure du dégagement gazeux dans l'analyse des sols calcaires au calcimètre. Des recherches seraient à faire dans ce sens, qui conduiraient peut-être à une mesure probable de l'assimilabilité, en prenant celle-ci, par exemple, comme proportionnelle au produit du taux de calcaire par la vitesse moyenne de dégagement obtenu dans l'attaque de la terre fine. Enfin l'auteur insiste sur les heureux effets du sulfate de fer qu'il rapporte aux réactions lentes qu'il provoque dans le sol, et non à l'action spécifique du fer. L'emploi de ce sel déterminerait la décalcarisation progressive du sol.

M. Coutagne (1), se basant sur l'adaptation des vignes greffées aux terrains calcaires de la Provence, estime que l'adaptation n'est pas exactement liée au taux du calcaire. Le chimiste doit se préoccuper de déterminer la surface du calcaire plutôt que sa masse. On pourrait employer utilement dans ce but l'attaque à l'acide tartrique qui donne naissance à un sel de chaux insoluble. La quantité d'acide carbonique dégagé pendant les premières minutes de la réaction sera proportionnelle à la surface active du calcaire et pourra, dès lors, lui servir de mesure. Le taux du calcaire dans la terre fine peut donner une première indication. Les hybrides de Vinifera Rupestris ont donné à MM. Couderc, Millardet et Ganzin des plants qui résistent dans des sols contenant jusqu'à 30 0/0 de calcaire. M. Coutagne (2) estime que le calcaire ne détermine pas la chlorose sous forme de carbonate dissous, parce que la proportion d'acide carbonique dissolvant est à peu près constante, et que le titre de la solution ne dépend pas de l'abondance ou de la finesse du calcaire. Le carbonate de chaux serait absorbé par contact immédiat des racines avec les particules calcaires (expériences de Sachs). L'action de la ténuité s'expliquerait par le développement des surfaces de contact.

MM. Boiret et Paturel (3) concluent de leurs recherches expérimentales sur l'action du sulfate de fer que ce sel se transforme rapidement en sol calcaire, en donnant naissance à du sulfate de chaux et à de la rouille. Si le calcaire est fin et abondant, on peut augmenter impunément les doses de sulfate de fer; mais en sol non calcaire ou à calcaire grossier, ce sel peut être toxique pour la plante ; il paraît agir à la façon du plâtre en mobilisant les sels de potasse.

M. Chauzit (4) conclut, contrairement aux observations de M. Gayon sur

(1) Coutagne. *Progrès agricole et viticole*, 1892.

(2) Coutagne. *Journal de l'agriculture*, nº du 24 déc. 1892.

(3) Boiret et Paturel. Recherches sur l'emploi du sulfate de fer, in *Annales agronomiques*, 1892.

(4) B. Chauzit. Les vignes américaines en terrains gypseux, in *Annales agronomiques*, 1892.

un sol artificiel, que dans les sols naturels la présence du sulfate de chaux, même à haute dose, ne détermine pas la chlorose. Celle-ci ne se déclare en terrain gypseux que lorsque ces sols sont en même temps calcaires.

M. Castel (1) signale l'atténuation apportée au pouvoir chlorosant du calcaire par la fertilité des sols. Toutefois, même en sol fertile, les greffes sur Jacquez ou sur Riparia se chlorosent quand la teneur en calcaire dépasse 18 0/0; si le sous-sol est imperméable, 4 à 6 0/0 de calcaire suffisent à déterminer la chlorose. Dans les terres renfermant plus de 18 0/0 de calcaire et réfractaires au Jacquez et au Riparia, certaines variétés de Rupestris et certains hybrides de Rupestris, de Riparia ou de Berlandieri avec Vinifera se développent sans trace de chlorose même sur sous-sol imperméable.

M. P. Gervais (2) donne le résultat de ses observations sur la tenue de divers cépages en sol calcaire. Divers hybrides semblent s'y comporter beaucoup mieux que le Riparia et que le Jacquez. Le même fait est signalé par un grand nombre de viticulteurs, notamment par MM. Roy-Chevrier, E. Gonnet, Degrully, Bouscaren, Couderc, Lacoste, Verneuil.

En 1893, M. Degrully (3) publie les résultats de l'enquête du *Progrès agricole* sur les traitements aux sels de fer et rapporte ses observations personnelles sur la même question. M. Rousselier accuse le calcaire d'empêcher l'assimilation du fer et décrit le mode d'application sur les feuilles de la bouillie noire dont il signale les excellents effets.

MM. Houdaille et Sémichon (4) indiquent un procédé de mesure de la vitesse d'attaque spécifique des diverses variétés de calcaire. Ce procédé est basé sur la détermination de la surface des particules calcaires déduite de la mesure de la perméabilité (5) et sur l'enregistrement automatique de la vitesse du dégagement d'acide carbonique produit par l'attaque du calcaire à l'acide chlorhydrique. Les diverses variétés de calcaire présentent des écarts très considérables dans les valeurs des vitesses d'attaque spécifique.

MM. Lagatu et Sémichon (6) signalent la relation générale qui existe entre le développement de la chlorose et la présence des affleurements de la couche des marnes pliocènes à rognons. Les constatations faites sur un grand nombre de points du département de l'Hérault (7) confirment l'action chlorosante spéciale de cette formation géologique. Ils montrent, en outre,

(1) Castel. Essais de plants en sols calcaires, in *Progrès agricole et viticole*, t. II, p. 606. 1892.

(2) P. Gervais. Un champ d'essai en sol calcaire, in *Progrès agricole et viticole*, t. II, p. 364. 1893.

(3) L. Degrully. Chlorose et sulfate de fer, in *Progrès agricole et viticole*, t. I, p. 3, et passim. 1893.

(4) Houdaille et Sémichon. Mesure de la vitesse d'attaque spécifique des diverses variétés de calcaire, in *Progrès agricole*, t. I, p. 496. 1893.

(5) Houdaille et Sémichon. Mesure de la perméabilité et de l'état de division des sols, in *Annales de l'Ecole d'agriculture de Montpellier*, t. VII.

(6) Lagatu et Sémichon. La chlorose dans le terrain pliocène de l'Hérault, in *Progrès agricole et viticole*, t. I, p. 486.

(7) Lagatu et Sémichon. Matériaux pour une étude des terres du département de l'Héraut, in *Progrès agricole*, t. I et II. 1893.

que le développement de la chlorose est lié à la proportion du calcaire grossier et du calcaire pulvérulent séparés par l'analyse physique; ils font, en même temps, ressortir l'influence des conditions hydrologiques.

Au cours des réunions du congrès viticole de Montpellier (1), M. Ravaz précise les conditions d'adaptation des cépages au sol. M. Verneuil établit une classification des sols chlorosants et indique la tenue correspondante des divers cépages qui y ont été essayés. MM. Gervais, Lauras, de Malafosse, Despetis et divers viticulteurs attestent l'adaptation suffisante aux sols calcaires de certains hybrides de Vinifera × Rupestris et de Vinifera × Riparia. M. P. Viala estime que l'avenir est aux Berlandieris convenablement sélectionnés et à leurs hybrides pour la reconstitution des sols très calcaires. M. Coste-Floret attribue le développement intense de la chlorose à l'excès de l'acide carbonique dans certains sols; il propose l'emploi de la chaux pour atténuer le pouvoir chlorosant du calcaire.

M. Couderc (2) décrit quelques hybrides de Vinifera × Rupestris et signale leur faculté d'adaptation aux sols calcaires des Charentes.

M. Bernard (3), en étudiant quelques terres types de la Charente-Inférieure, constate que l'accroissement du taux de calcaire avec la ténuité dans les sols étudiés est général, bien qu'ils possèdent des pouvoirs chlorosants très inégaux. Ses analyses et ses observations confirment le fait signalé par M. Ravaz de la faible influence du sous-sol pour le développement de la chlorose. La richesse ou la pauvreté du sol en éléments fertilisants n'intervient pas dans l'adaptation au calcaire. Avec des terres dont le p. 0/0 décroît avec la ténuité, il est dangereux d'employer le Riparia si la teneur en calcaire s'élève à 20 0/0.

Les observations que l'on vient de résumer dans le présent historique de la chlorose font ressortir d'une manière évidente le rôle prépondérant joué par le calcaire dans le développement de cette affection. Il se dégage en outre de cette étude un autre fait intéressant : c'est que le taux du calcaire ne détermine pas à lui seul le degré du pouvoir chlorosant des sols qui est lié en même temps à l'assimilabilité variable et à l'état de division du calcaire. On voit aussi que les diverses méthodes proposées jusqu'à ce jour pour évaluer ces deux derniers éléments manquaient encore un peu de fixité et de précision. Nous avons donc pensé que l'étude expérimentale de la détermination de l'état physique du calcaire contenu dans le sol présenterait quelque intérêt : telle est l'origine de notre travail.

(1) *Compte rendu du Congrès viticole de Montpellier*. 1893.

(2) COUDERC. Description des hybrides Couderc, in *Progrès agricole et viticole*, t. II. p. 537, 1893.

(3) A. BERNARD. Notes sur quelques terres types de la Charente-Inférieure, in *Progrès agricole et viticole*, t. II, p. 462. 1893.

RÉLATION ENTRE LA VITESSE D'ATTAQUE DU CALCAIRE

PAR L'ACIDE CARBONIQUE DU SOL

ET LE DEVELOPPEMENT DE LA CHLOROSE

Les recherches de M. Th. Schlœsing sur l'acide carbonique du sol ont établi qu'en présence du carbonate de chaux neutre en excès et d'une atmosphère contenant une proportion déterminée d'acide carbonique, l'eau dissout à la fois de l'acide carbonique libre, du carbonate neutre et du bicarbonate de chaux. La dissolution de l'acide carbonique s'effectue comme en l'absence du carbonate et conformément à la loi de solubilité des gaz ; la dissolution du carbonate neutre de chaux s'effectue comme dans l'eau pure en l'absence de l'acide carbonique; la quantité de bicarbonate dissous croît au contraire avec la tension de l'acide carbonique dans l'atmosphère gazeuse du sol.

La quantité de carbonate neutre dissous est relativement faible; elle ne dépasse pas 13 milligrammes par litre à 16°. La quantité de carbonate dissous correspondant à la formation du bicarbonate est au contraire beaucoup plus élevée. A la température de 16° et pour une tension de l'acide carbonique du sol de $0^{atm},0033$ elle est déjà de 124 milligrammes; elle atteint 347 milligrammes pour une tension de $0^{atm},0500$, et, pour une teneur moyenne de l'atmosphère du sol en acide carbonique de 1 0/0, elle s'élève à 196 milligrammes. M. Schlœsing a d'ailleurs déterminé la loi qui lie la tension x de l'acide carbonique dans l'atmosphère du sol au poids y de carbonate de chaux en dissolution. Elle est représentée par l'équation $x^{0,3787} = 0,9218\,y$.

Il semble au premier abord que, puisque le carbonate de chaux est en général toujours en excès dans les divers sols calcaires, la richesse des eaux du sol en carbonate de chaux dissous soit exclusivement sous la dépendance de la richesse de l'atmosphère confinée en acide carbonique. Elle serait ainsi indépendante de la teneur en carbonate de chaux et de l'état physique du calcaire. Or cette conclusion est formellement contredite par les faits observés. Les vignes plantées dans des terrains contenant plus de 50 0/0 de calcaire se chlorosent plus souvent que celles dont la teneur en calcaire s'abaisse au-dessous de 15 0/0 . En second lieu, les calcaires friables des formations crétacées et tertiaires donnent une chlorose plus intense que les calcaires durs et compacts du jurassique ou des terrains primaires.

Pour mettre d'accord la théorie avec l'observation des faits, il suffit d'introduire dans la question la considération des vitesses de réaction. Nous établirons, au cours de ces recherches, que les divers calcaires appartenant à des formations géologiques différentes ou caractérisées par des états physiques distincts, soumis à l'action d'un même acide, acide chlorhydrique, tartrique, carbonique, subiront une attaque ou une dissolution inégale après des temps égaux lorsqu'ils présentent une même surface à l'action de ces acides. Chaque calcaire est ainsi caractérisé par sa *vitesse d'attaque spécifique*. En second lieu le calcaire existe dans le sol à un état de division plus ou moins grand et la surface extérieure présentée par le calcaire à l'action dissolvante de l'acide carbonique croît avec son *degré de division*. La vitesse de dissolution d'un poids donné de calcaire sera donc d'autant plus grande qu'il sera plus finement divisé. Enfin, pour une même vitesse d'attaque spécifique et pour un même état de division, la quantité de calcaire dissous dans l'unité de temps par l'unité de volume du sol possédant un même taux d'humidité est proportionnelle à la *teneur du sol en calcaire*. La teneur en carbonate de chaux dissous des eaux du sol est donc à un moment donné sous la dépendance de trois facteurs essentiels : 1° la teneur en calcaire; 2° l'état de division du calcaire; 3° la vitesse d'attaque spécifique du calcaire.

Il est facile de comprendre comment l'inégalité des vitesses d'attaque du calcaire contenu dans les divers sols peut amener au contact des racines des solutions plus ou moins riches en carbonate de chaux. Chaque fois qu'une pluie pénètre dans le sol, elle diminue la teneur en calcaire des eaux précédemment saturées en bicarbonate de chaux; une nouvelle dissolution de la roche calcaire est nécessaire pour ramener le liquide à sa concentration primitive. Si le calcaire est abondant, finement divisé et d'une attaque facile, la concentration sera rapide et la chlorose trouvera bientôt ses conditions déterminantes.

On peut remarquer en outre que, bien que le calcaire soit le plus souvent en grand excès, l'enrichissement en carbonate du liquide qui baigne les particules du sol sera toujours plus ou moins lent. Il sera, en effet, limité à un instant donné à la fois par la vitesse d'attaque du calcaire et par la vitesse de dissolution progressive de l'acide carbonique contenu en proportions variables dans les couches du sol. Ce dernier, en effet, dans les sols humides et à canaux capillaires étroits, ne peut émigrer du sol vers le sous-sol qu'avec une certaine lenteur. La filtration des eaux du sol vers le sous-sol pendant les périodes humides de l'année, leur ascension inverse aux époques de sécheresse, déterminent ainsi de perpétuelles fluctuations dans le taux du carbonate en dissolution. Les racines des plantes sont ainsi en contact immédiat avec des solutions de carbonate de chaux qui, dans certains sols calcaires, peuvent rester indéfiniment au-dessous de la limite de concentration qui correspond au développement de la chlorose. D'autre part, l'emprunt continu et énergique des liquides du sol par les racines de la vigne a pour effet de diminuer à chaque instant, dans les régions voisines des centres d'absorption, la quantité de carbonate de chaux dissous disponible. La dose de carbonate introduite dans la cellule peut ainsi rester pendant chacune des phases de la végétation inférieure à la quantité qui détermine le développement de la chlorose.

De plus, indépendamment du rôle essentiel que peut jouer le carbonate de chaux en dissolution pour déterminer la chlorose, celle-ci pourrait être également déterminée par l'absorption directe du calcaire par le contact des racines avec la roche, ainsi que l'indique l'expérience classique de Sachs. Or l'introduction du calcaire dans le végétal est encore dans ce cas limitée par la vitesse d'attaque spécifique de la roche et par son état de division. Si les particules sont grossières, la racine n'a que quelques points de contact direct avec le calcaire. Si elles sont ténues, la surface de contact augmente, et le volume du calcaire corrodé dans l'unité de temps croît avec elle en favorisant le développement de la chlorose.

C'est en partant de ces diverses considérations que nous avons été amenés :

1° A mesurer la vitesse d'attaque spécifique du calcaire par un acide déterminé, l'acide chlorhydrique dilué ;

2° A comparer l'action des divers acides à celle qui est exercée par l'acide carbonique sur la dissolution du calcaire et à rechercher quels étaient les acides qui permettaient le mieux de déterminer l'état physique de cet élément dans les divers sols ;

3° A indiquer une méthode opératoire susceptible de caractériser rapidement les divers sols au point de vue de la possibilité du développement de la chlorose ;

4° A appliquer notre méthode à l'examen d'un certain nombre de terres caractérisées par le développement de la chlorose à divers degrés.

Considérations générales sur les vitesses d'attaque du calcaire. — Divers expérimentateurs, MM. de Montdésir et Bernard notamment, ont insisté sur le caractère d'assimilabilité du calcaire que l'on pourrait déduire de l'allure variable du dégagement gazeux produit par l'attaque des acides. Les différences très marquées constatées dans les vitesses d'attaque des terres calcaires peuvent s'expliquer par deux causes distinctes : 1° le calcaire est plus divisé et présente une plus grande surface d'attaque ; 2° à égalité de surface, les diverses variétés de calcaire peuvent présenter une vitesse d'attaque spécifique différente. Nous appelons *vitesse d'attaque spécifique* d'un calcaire le poids en milligrammes de carbonate de chaux dissous par seconde et par centimètre carré dans l'attaque de la roche par l'acide chlorhydrique normal à 22° Baumé étendu de trois fois son volume d'eau.

On peut montrer par les considérations suivantes comment il est possible de déduire la valeur de la vitesse d'attaque spécifique de la marche du dégagement gazeux produit pendant la réaction de l'acide sur le calcaire. Considérons un échantillon de calcaire dont tous les grains soient égaux et sphériques de rayon R (fig. 1). Soit n le nombre de grains contenus dans un poids donné, 500 milligrammes de la roche. Appelons k l'épaisseur de calcaire attaquée par seconde et r le rayon des grains au bout de t secondes d'attaque.

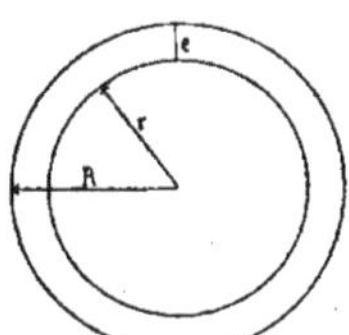

Fig. 1. — Attaque des grains de calcaire par l'acide chlorhydrique.

Le volume V de calcaire attaqué au bout du temps t sera égal à la différence des volumes de deux sphères de rayon R et r. On aura :

2

$$V = \frac{4}{3}\pi R^3 - \frac{4}{3}\pi r^3 = \frac{4}{3}\pi (R^3 - r^3).$$

Si d est la densité du calcaire, le poids p de calcaire dissous correspondant au volume V sera :

$$p = \frac{4}{3}\pi d (R^3 - r^3)$$

Et pour les n particules le poids total de calcaire attaqué sera :

$$P = \frac{4}{3}\pi n d (R^3 - r^3)$$

D'autre part l'on a aussi $r = R - kt$ et la valeur de P devient :

$$P = \frac{4}{3}\pi n d [R^3 - (R - kt)^3].$$

La valeur de k, épaisseur de calcaire attaquée par seconde, peut se déduire expérimentalement de la mesure du poids de calcaire dissous en t secondes sur une surface connue d'une plaque de calcaire. Nous avons trouvé que pour le spath $k = \frac{1}{1000}$ de millimètre environ.

Connaissant k, n, d et r, on peut calculer les valeurs successives de P au bout des temps t et tracer la courbe de l'attaque du calcaire en fonction de la durée de l'attaque. On obtient ainsi une courbe de forme hyperbolique plus ou moins tendue sur laquelle il est facile de mesurer la vitesse d'attaque spécifique.

En effet, la valeur du rapport $\frac{dP}{dt}$ au temps t mesure l'inclinaison de la tangente au point de la courbe correspondant au temps t. Ce rapport $\frac{dP}{dt}$ exprime précisément la vitesse d'attaque du calcaire au temps t lorsque la surface est devenue s. Or la surface initiale S des particules calcaires avait pour valeur $S = 4\pi R^2$; le rayon R devient, au temps t, $r = R - kt$; la surface s au temps t est donc $s = 4\pi (R - kt)^2$.

Il suffit donc, pour déterminer la vitesse d'attaque spécifique du calcaire, de mener par le point A de la courbe correspondant au temps t la tangente AT à la courbe, de mener AM parallèle à O X, d'abaisser d'un point T quelconque de la tangente une perpendiculaire coupant AM au point M. Le rapport $\frac{TM}{AM}$ exprimera la vitesse d'attaque au temps t; en le divisant par s, surface des particules au temps t, on obtiendra la vitesse d'attaque spécifique du calcaire. (V. fig. 2.)

Si, au lieu d'opérer sur une courbe construite par le calcul des valeurs successives de P, on exécute les mêmes opérations sur une courbe déduite de l'observation expérimentale des valeurs de P, on obtiendra de même la valeur de la vitesse spécifique d'attaque du calcaire employé, et cela quel que soit le diamètre des particules calcaires, à la condition de connaître s surface des particules au temps t. Or, si l'on mène la tangente à l'origine de la courbe $t = 0$, la surface s devient S surface initiale des particules calcaires.

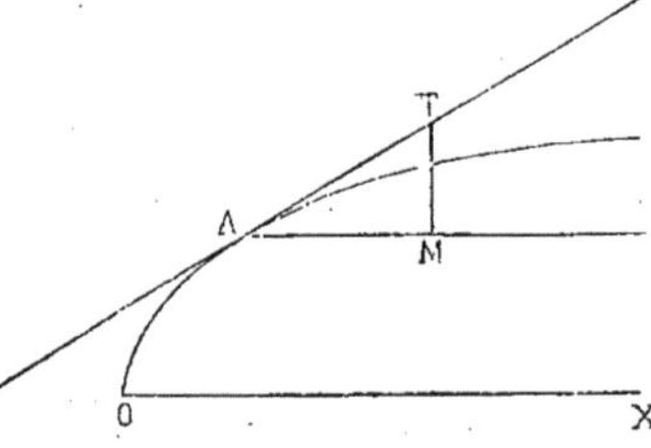

Fig. 2. — Détermination de la vitesse d'attaque du calcaire par l'acide chlorhydrique.

La détermination de la vitesse d'attaque spécifique des calcaires repose donc sur deux mesures expérimentales distinctes :

1° Mesure de la surface initiale des particules de l'échantillon de calcaire soumis à l'attaque de l'acide ;

2° Détermination des poids de calcaire attaqués aux temps successifs de la réaction.

Mesure de la surface extérieure des particules calcaires. — La valeur de la surface initiale des particules calcaires a été déduite de la mesure de la perméabilité de l'échantillon pour les gaz chassés au travers d'une épaisseur donnée de la substance sous une pression déterminée. Nous nous sommes servis dans ce but de l'appareil que nous avons utilisé dans nos recherches antérieures (1) sur la perméabilité et l'état de division des sols. Nous reproduirons ici la description de l'appareil de mesure et la méthode de calcul adoptée pour la détermination de la surface extérieure des particules.

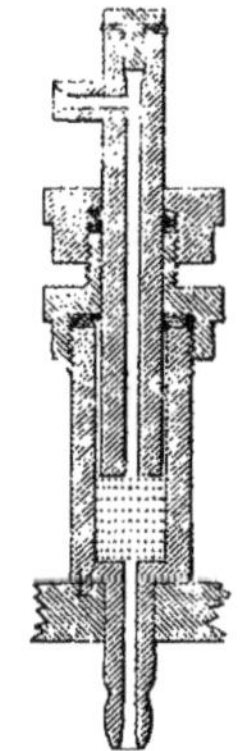

Fig. 3. — Appareil pour la mesure de la surface extérieure des particules terreuses.

L'appareil de mesure comprend un cylindre en bronze (fig. 3) d'un diamètre intérieur de 11^{mm} 3 correspondant à une section de 1 centimètre carré. Le fond de ce cylindre est foré d'un orifice de 2 millim. ; sa capacité est remplie assez exactement par un piston cylindrique de 11 millim. de diamètre extérieur. Ce piston est lui-même creusé à l'intérieur d'un canal de 4 millim., se réduisant à 2 millim. à sa partie inférieure. L'extrémité supérieure du canal est fermée par un petit obturateur en acier qui comprime sur ses bords une rondelle de cuir. Un petit ajutage latéral fixé à la partie supérieure du piston fait communiquer le canal intérieur avec le tube qui amène l'air sous pression. La profondeur du cylindre est de 0^{m},04, la longueur du piston de 0^{m},08.

Deux grammes de l'échantillon de calcaire convenablement trituré et tamisé sont introduits dans le cylindre, après avoir interposé entre eux et l'orifice inférieur deux rondelles de toile métallique de laiton à mailles fines. Après avoir tassé légèrement le sol à la main avec un piston plein, on dépose au-dessus deux autres rondelles de toile métallique et on engage le piston creux. L'emploi des rondelles de toile métallique prévient l'obstruction des orifices et

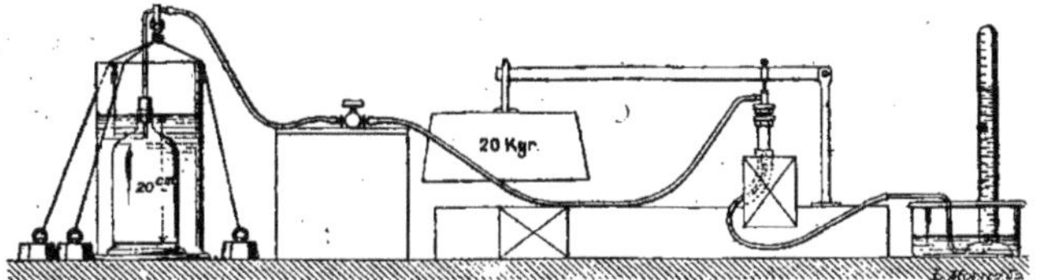

Fig. 4. — Appareil Houdaille pour la mesure de la perméabilité des sols.

assure la répartition de l'air sur toute la section du cylindre des particules comprimées aussi bien à l'entrée qu'à la sortie.

On procède ensuite au tassement du sol sous pression constante. L'obturateur en acier qui forme la tête du piston de compression reçoit l'extrémité d'une

(1) Houdaille et Sémichon. Mesure de la perméabilité et de l'état de division des sols, in *C. R.*, décembre 1892, et in *Annales de l'Ecole d'Agriculture de Montpellier*, t. VII.

vis de pression (fig. 4) fixée à $0^m,10$ du point d'oscillation d'un levier en fer de $0^m,50$ de longueur. L'extrémité du levier reçoit un poids de 20 kilogrammes. Le calcaire se trouve par suite énergiquement comprimé sous une pression constante de 100 kilogr. par centimètre carré. Il ne reste plus qu'à mesurer le débit du gaz chassé sous pression constante au travers de l'échantillon de calcaire.

Le réservoir d'air comprimé est constitué par une cloche en verre de $0^m,115$ de diamètre immergée dans un bocal cylindrique sous une colonne d'eau de $0^m,20$. L'air comprimé sous cette pression constante communique par un tube de caoutchouc avec l'intérieur du piston, traverse le sol, puis s'échappe par l'orifice de dégagement pour se rendre par un deuxième tube de caoutchouc sous une éprouvette graduée pleine d'eau. Un collier à vis avec interposition de rondelle de caoutchouc forme joint étanche entre le piston et l'extrémité supérieure du cylindre.

L'examen de la constitution d'un assemblage de particules tel que celui réalisé par l'échantillon de calcaire montre qu'il existe deux équations distinctes entre les quatre termes suivants qui définissent sa structure, savoir : 1° la perméabilité ou débit du gaz par minute au travers d'une épaisseur l de la substance et sur une surface de 1 centimètre carré ; 2° la surface s occupée par la section des canaux capillaires sur 1 centimètre carré du sol ; 3° le nombre n des orifices capillaires ; 4° leur diamètre moyen d. Si l'on désigne par q le volume en millimètres cubes de gaz écoulé par seconde au travers d'une épaisseur l en millimètres du sol lorsque ce gaz est chassé sous une pression de h millimètres de mercure, on obtient les deux équations suivantes :

$$q = \frac{knh\,d^4}{l} \qquad (1)$$

q est le débit du gaz exprimé en millimètres cubes d'après la loi de Poiseuille.

$$s = n\pi\,\frac{d^2}{4} \qquad (2)$$

s est la somme des sections des canaux capillaires exprimée en millimètres carrés.

On déduit de ces deux équations :

$$n = \frac{kh\,16\,s^2}{q\,l\pi^2} \qquad \text{et} \qquad d = \frac{1}{2}\sqrt{\frac{q\,l\pi}{khs}}.$$

Le coefficient k introduit dans l'expression de n et de d représente un coefficient de dépense déterminé par plusieurs procédés et en particulier en mesurant le débit q au travers d'une épaisseur de sable à grains réguliers dont on avait évalué le diamètre moyen.

De la connaissance de n et de d on déduit la valeur de la surface S des parois des canaux capillaires supposés cylindriques ; on a :

$$S = n\pi dl \quad \text{et pour } 1^{cc} \quad S' = n\pi d 10.$$

La valeur de S peut d'ailleurs être rattachée directement à celle du débit q' par minute au travers de l'épaisseur l occupée par les 2 grammes de particules calcaires et à la section totale s des canaux capillaires. s se détermine par l'évaluation de l'espace vide contenu dans 1 centim. carré des particules de calcaire. Cette relation a pour expression :

$$S = a\sqrt{\frac{s^3 l}{q'}} \qquad a = 832.6.$$

Si l'on exprime *s* et l en millimètres, *q'* en centim. cubes, *s* est donné en millim. carrés.

Les surfaces initiales des particules calcaires déterminées par cette méthode ont varié pour un poids de 500 milligr. de 56 centim. carrés à 103 centim. carrés pour les divers échantillons de calcaire dont on désirait déterminer les vitesses d'attaque.

Mesure de la vitesse d'attaque. — La mesure de la vitesse d'attaque par l'acide chlorhydrique dilué a été obtenue à l'aide de l'appareil enregistreur suivant :

Un flacon à réaction F (fig. 5), semblable à celui du calcimètre de M. Bernard, reçoit 500 milligr. de l'échantillon calcaire ; on y introduit 5 centim. cubes d'eau distillée et l'on agite pour mettre le calcaire en suspension. Un tube court, à essai, est disposé verticalement à l'intérieur du flacon laboratoire et l'on y introduit, à l'aide d'un entonnoir en verre effilé, 5 centim. cubes d'acide chlorhydrique normal à 22° Baumé (D = 1,174) dédoublé par l'addition d'un égal volume d'eau. Le liquide réagissant contient par suite 2 centim. cubes 5 d'acide chlorhydrique normal à 22° Baumé, et l'attaque de 500 milligr. de calcaire pur n'exige que 0 centim. cube 898 de ce même acide. Il suffit d'incliner le flacon pour que le renversement du tube vertical provoque la réaction, qui s'opère alors au sein d'un liquide constitué par 3/4 d'eau et 1/4 d'acide chlorhydrique normal à 22° Baumé.

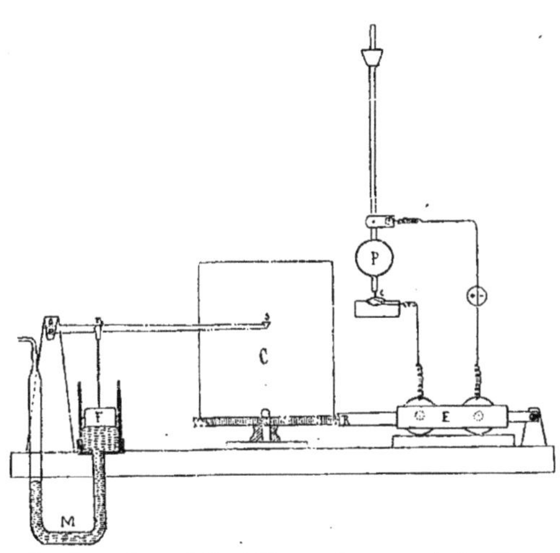

Fig. 5. — Appareil Houdaille pour la mesure de la vitesse d'attaque du calcaire.

Le tube abducteur en caoutchouc, prolongé par un serpentin en métal S servant à refroidir l'acide carbonique dégagé, conduit ce dernier dans un ballon B de 1 litre 1/2 de capacité environ, plongé dans un bain de sable pour éviter les changements brusques de volume dus aux variations de la température extérieure (fig. 16). Ce ballon peut être mis, avant chaque expérience, en communication avec l'air extérieur, à l'aide d'un robinet de verre V ajusté dans la tubulure ; l'augmentation de pression provoquée par le dégagement de l'acide carbonique mis en liberté dans le flacon laboratoire est proportionnelle à la quantité de gaz dégagé. Un manomètre à mercure M (fig. 5) communique avec le ballon et mesure les accroissements de pression successifs. L'inscription des volumes de gaz dégagés pendant les diverses phases de la réaction est obtenue par le dispositif suivant.

Dans la branche ouverte du manomètre (fig. 5), constitué par un tube de 27 millim. de diamètre, repose un flotteur en bois F qui guide un style inscripteur *o s* sur un cylindre vertical C portant une feuille de papier. Ce cylindre, de $0^m,08$ de diamètre, calé sur une roue dentée actionnée par un électro-aimant E, fait 1 tour en 200 secondes et avance brusquement, chaque seconde, de 1/200e de tour, correspondant à un trajet horizontal du style de 1 millim. 25. Le tracé obtenu affecte la forme d'une courbe à échelons dans laquelle chacun des crans successifs donne la valeur de la quantité d'acide carbonique dégagé seconde par seconde. Comme les quantités de gaz dégagé seconde par seconde s'additionnent dans le ballon communiquant avec le manomètre, la pression ne cesse de croître jusqu'au complet achèvement de la réaction, et l'on s'aperçoit que ce résultat est acquis lorsque les tracés pour deux tours consécutifs du cylindre se recouvrent exactement. Les traits du style doivent continuer à se recouvrir indéfiniment s'il n'existe pas de fuite dans les divers joints de l'appareil. Le tarage de l'instrument s'obtient en décomposant dans le flacon laboratoire un poids connu de carbonate de chaux pur (spath). Dans notre appareil, 500 milligr. de carbonate de chaux déterminent une ascension du style inscripteur de 60 millim. 5 à la température de 20°. Nous avons vérifié expérimentalement que les déviations du style étaient très sensiblement proportionnelles au poids de carbonate de chaux décomposé.

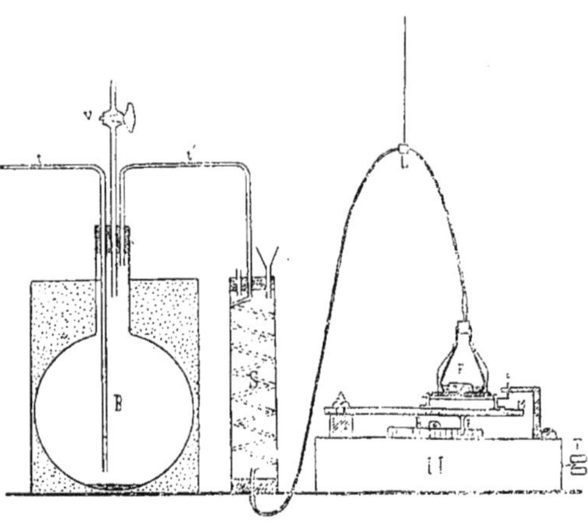

Fig. 6. — Agitateur automatique.

Afin que l'attaque du calcaire soit régulière, le flacon à réaction est agité à la main pendant la première minute, puis déposé sur un *agitateur automatique* (fig. 6) qui lui imprime un mouvement régulier d'oscillation pendant toute la durée de la réaction. Cet agitateur est réalisé de la manière suivante: une planchette horizontale articulée en A porte à son extrémité opposée à l'articulation un taquet triangulaire P qui est repoussé périodiquement par le passage des dents d'une roue R conduite par un robuste mouvement d'horlogerie H dont la vitesse est régularisée par un volant à ailettes T. Un ressort antagoniste rappelle la planchette après le passage de chaque dent; celle-ci est par suite animée d'un mouvement régulier de va-et-vient. Au-dessus de la planchette est disposée une petite plate-forme oscillante servant de support au flacon à réaction. Un levier *c* solidaire de la plate-forme s'engage dans un œilleton fixé sur le bâti principal du mouvement d'horlogerie; il résulte de cette disposition que le mouvement alternatif de va-et-vient de la planchette est transformé en un mouvement oscillatoire régulier de la plate-forme. Grâce à ce mouvement d'oscillation périodique qui se produit à 1 à 2 secondes d'intervalle, le liquide en contact avec le calcaire est constamment renouvelé et l'attaque s'opère avec une grande régularité.

Le tracé obtenu par l'inscripteur dans l'attaque de l'échantillon d'un calcaire déterminé doit évidemment reproduire l'allure de la courbe calculée par l'expression $P = \frac{4}{3} n\pi d\,[R^3 - (R - kt)^3]$, précédemment indiquée, donnant les poids de calcaire dissous aux temps t. Mais pour que l'allure du tracé de l'inscripteur et de la courbe obtenue par le calcul des valeurs de P soit semblable, il faut se placer non plus dans le cas de particules toutes égales de rayon R, mais dans celui d'un assemblage de N catégories de particules de rayons différents R, R', R'', etc., représentées chacune par des nombres n, n', n'' différents de particules. Nous avons fait ce calcul en assignant à la constitution de l'échantillon calcaire diverses conditions qui seront rapportées dans un tableau spécial. L'attaque au temps t est exprimée par le nombre de milligrammes dissous sur 500 milligrammes de la roche correspondant aux divers assemblages. La valeur de k, épaisseur de calcaire attaqué par seconde, a été obtenue par la mesure du poids de calcaire dissous en dix secondes sur une lame de spath de surface connue : nous avons ainsi trouvé pour k la valeur de $\frac{1}{1000}$ de millimètre. Le rayon R maximum assigné aux particules de l'assemblage est de 1 millimètre. Les rayons des autres particules considérées ont été $0^{mm},1$, $0^{mm},01$ et $0^{mm},001$. La durée de l'attaque totale des assemblages ainsi constitués a été par suite $\frac{1}{k} = 1000$ secondes.

Interprétation des graphiques du calcimètre enregistreur. — La forme générale des graphiques traduisant la marche de l'attaque des particules calcaires est essentiellement subordonnée à la rapidité avec laquelle décroît progressivement leur surface d'attaque depuis l'origine jusqu'à la fin de la réaction.

Les tableaux suivants montrent les modifications importantes déterminées dans la forme des graphiques de l'inscripteur calculés pour les diverses combinaisons qui peuvent exister dans l'assemblage des divers groupes de particules calcaires d'égal diamètre.

Marche de l'attaque de divers assemblages de particules calcaires.

Première combinaison : l'assemblage est constitué par n particules sphériques de 1 millimètre de rayon formant ensemble un poids de 500 milligrammes.

Durée	Poids de calcaire dissous	Déviation correspondante du style
—	—	—
0 sec.	0^{mgr}	0^{mm}
10	14.85	1.79
100	135.53	16.40
500	437.59	52.94
1000	500.00	60.5

Deuxième combinaison : l'assemblage est constitué par un nombre égal de quatre sortes de grains de rayons 1^{mm}, 0,1, 0,01 et 0,001. Poids total soumis à l'attaque = 500 milligrammes.

Durée	Poids de calcaire dissous	Déviation correspondante du style
—	—	—
0	0	0
10	14.97	1.81
100	135.87	16.44
500	437.60	52.94
1000	500.00	60.5

Troisième combinaison : l'assemblage est constitué par quatre catégories de particules de rayons 1[mm]. 0,1. 0,01. 0,001 représentées respectivement pour chaque catégorie par les nombres 1, 10, 100, 1,000. Poids total soumis à l'attaque = 500 milligrammes.

Durée	Poids de calcaire dissous	Déviation correspondante du style
0	0	0
1	1.64	0.20
10	16.07	1.94
100	139.02	16.82
500	437.75	52.96
1000	500.00	60.5

Quatrième combinaison : l'assemblage est constitué par quatre catégories de particules de rayons 1. 0,1. 0,01. 0,001 représentées respectivement pour chaque catégorie par les nombres 1, 10, 1000, 1,000,000. Poids total soumis à l'attaque = 500 milligrammes.

Durée	Poids de calcaire dissous	Déviation correspondante du style
0	0	0
10	17.00	2.06
100	139.83	16.92
500	438 28	53.03
1000	500.00	60.5

Cinquième combinaison : l'assemblage est constitué par quatre catégories de particules de rayons 1. 0,1. 0,01. 0,001 représentées respectivement pour chaque catégorie par les nombres 1, 1000, 1,000,000, 1,000,000,000. Poids total soumis à l'attaque = 500 milligrammes.

Durée	Poids de calcaire dissous	Déviation correspondante du style
0	0	0
10	285.63	34.56
100	408.08	49.37
500	488.47	59.99
1000	500.00	60.5

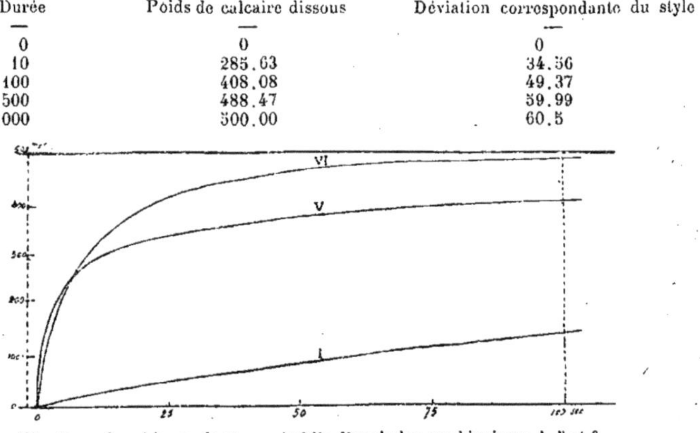

Fig. 7. — Graphiques d'attaque établis d'après les combinaisons 1, 5 et 6.

Sixième combinaison : l'assemblage est constitué par sept catégories de particules de rayons 0[mm],750. 0,375. 0,175. 0,075. 0,030. 0,0075. 0,0025 représentées respectivement pour chaque catégorie par les nombres 7. 258. 12,050. 571,200. 6,588,000. 120,700,000. 10,230,000,000 (constitution donnée par M. Whitney pour une terre du Maryland). Poids total soumis à l'attaque = 500 milligrammes.

Durée	Poids de calcaire dissous	Déviation correspondante du style
—	—	—
0	0	0
10	302.34	36.58
30	425.54	51.48
75	483.10	58.45
100	487.48	59.00
375	497.55	60.47
750	500.00	60.50

Nous reproduisons ici comme termes de comparaison la marche de l'attaque de 500 milligrammes de spath séparé aux tamis n° 25 et n° 120 et celle de 500 milligrammes de calcaire contenu dans une terre calcaire passée au tamis n° 25 (fig. 8).

Durée	Poids de calcaire dissous		Déviation correspondante du style	
—	—		—	
	spath	terre	spath	terre
10	198	409	24	49.5
50	438	476	53	57.7
100	463	500	56	60.5
500	500	»	60.5	»
1000	»	»	»	»

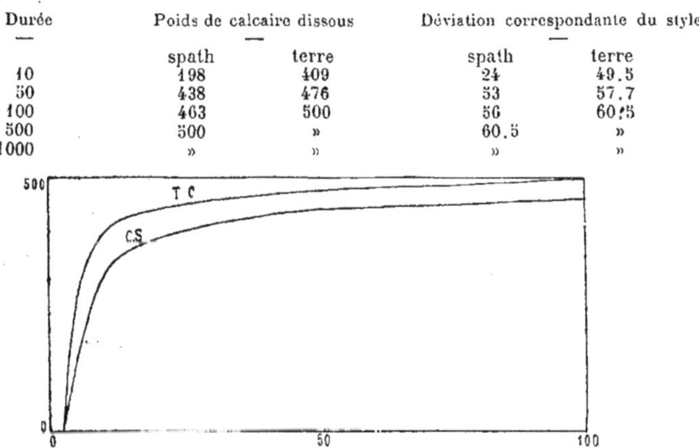

Fig. 8. — Graphiques d'attaque obtenus pour le spath trituré et tamisé CS et pour une terre calcaire TC.

On voit, en comparant soit les chiffres des tableaux précédents, soit les graphiques (figures 22 et 23) qui reproduisent la marche de l'attaque pendant les 100 premières secondes, que l'analogie dans les courbes calculées et dans les graphiques de l'inscripteur n'est réalisée qu'autant que l'on fait considérablement prédominer dans les assemblages les particules de faible diamètre. Dans la combinaison n° 5, qui commence seule à se rapprocher de l'allure révélée par les graphiques de la figure 23, on a donné aux nombres n, n', n'', n''' des particules des diverses catégories des valeurs en raison inverse du cube des rayons. Cette relation implique que les volumes des quatre catégories de particules soient à peu près de même ordre. Telle serait à peu près la constitution des calcaires faiblement divisés. Dans les terres calcaires finement divisées, cette prédominance des particules de faible diamètre serait encore plus marquée.

Lorsque le tracé représentant la marche de l'attaque pour un calcaire déterminé a été obtenu, on peut en déduire de la manière suivante la valeur de la *vitesse d'attaque spécifique* (fig. 9). On trace la tangente à l'origine de la courbe. La direction de cette tangente se confond très sensiblement avec celle d'une droite assujettie à s'appuyer sur les extrémités des deux premiers ressauts séparant les attaques des deux premières secondes successives. La perpendiculaire TM, qui mesure l'inclinaison de cette tangente, est représentée par l'arc décrit par le style. Cet arc coupe la ligne des abscisses au point M situé à une distance AM du point A où la tangente coupe la même ligne des abscisses. L'inclinaison de la tangente est exprimée par le quotient $\frac{MT}{AM}$. Comme la graduation des courbes de l'inscripteur est faite selon des ordonnées verticales, il convient de remplacer TM par TN. Si l'on multiplie TN par $\frac{500}{60.5}$, on transforme l'ordonnée mesurant l'inclinaison de la tangente en poids de carbonate de chaux ; et si l'on divise AM par 1.25, on obtient la valeur en secondes du trajet AM du style. Le quotient $\frac{TN\ 500 \times 1,25}{AM\ 60,5}$ représente la vitesse d'attaque à l'origine. Il suffit de la diviser par la surface initiale S déduite des mesures de perméabilité pour obtenir la vitesse d'attaque spécifique du calcaire essayé.

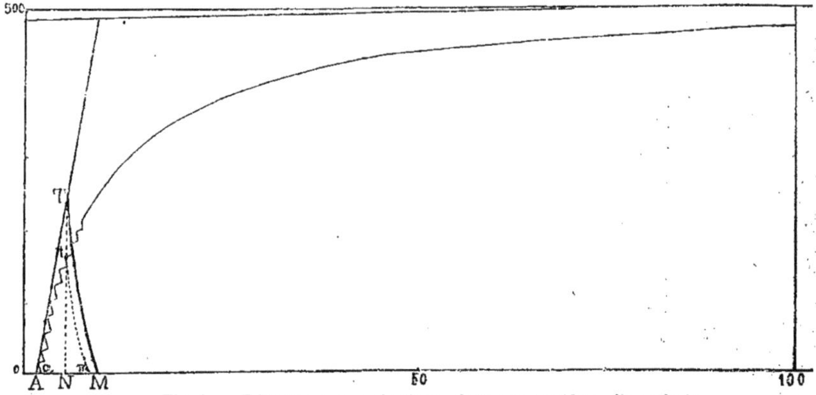

Fig. 9. — Détermination de la vitesse d'attaque spécifique d'un calcaire.

Toutefois le tracé de la tangente à l'origine ne laisse pas que de présenter quelque incertitude surtout pour les calcaires à attaque rapide. De plus, l'attaque d'un calcaire par la solution acide n'est pas instantanée ; elle débute, en général, par une attaque moins rapide, qui n'atteint quelquefois qu'au bout de plusieurs secondes son régime normal. L'inclinaison de la tangente à l'origine ne correspond donc pas toujours à la vitesse d'attaque normale de la roche. Aussi avons-nous été amenés à substituer à la mesure de la vitesse d'attaque spécifique à l'origine la vitesse d'attaque déduite du premier tiers de la réaction. La surface d'attaque qui correspondrait à cette période serait intermédiaire entre la surface initiale et la surface réduite après l'attaque du premier tiers. Nous avons remplacé cette surface par la surface initiale et nous avons donné comme expression de la vitesse d'attaque spécifique des divers calcaires dans le tableau suivant : le quotient du premier tiers de l'attaque totale par le nombre de secondes correspondant et par la surface initiale de la roche. L'erreur ainsi commise affecte dans le même sens tous les essais et les vitesses d'attaque spécifiques déduites pour les divers échantillons de calcaire restent comparables entre elles. Dans le graphique de la figure 9, la vitesse d'attaque du premier tiers N*t* est représentée par l'inclinaison de la droite menée par *a* et par *t*. Cette inclinaison diffère peu, on le voit, de celle de la tangente à l'origine AT.

La détermination des vitesses d'attaque a porté sur une série d'échantillons de roches calcaires empruntées plus spécialement à la région méridionale, mais correspondant aux principales formations géologiques.

Vitesse d'attaque spécifique des calcaires

DÉSIGNATION DES ROCHES CALCAIRES	CARBONATE de chaux correspondant à CO^2 dégagé par 100 parties de la roche	CARBONATE de chaux attaqué par seconde	SURFACE totale des particules de 500 mill. de la roche	VITESSE d'attaque spécifique
Marne pliocène à rognons	93.2	113	83.90	1.350
Craie blanche de Meudon	99.0	94.4	76.92	1.227
Calcaire à miliolites	99.0	53	60.14	0.883
Tuf quaternaire poreux	94.1	74	83.90	0.882
Mollasse de Montpellier	53.7	42.5	57.42	0.745
Calcaire lacustre inférieur	93	37.8	56.84	0.665
Calcaire néocomien jaune terreux (St-Jean-de-Cuculle)	93	42.5	80.69	0.525
Calcaire rouge de montagne (dévonien)	97	35.5	73.40	0.484
Calcaire carbonifère	93.3	34.0	74.59	0.456
Dolomie caverneuse de St-Béat	95	32.7	74.49	0.439
Calcaire dolomitique cristallin (Pic St-Loup)	103.2	32.7	74.70	0.437
Calcaire corallien (St-Georges)	95.9	37 8	85	0.435
Calcaire cipolin	93.3	31.0	76	0 407
Calcaire coquillier (coquilles tertiaires triturées)	97.5	42.5	103	0.407
Calcaire jurassique à A. polyplocus	97	31	83.16	0.373
Calcaire lacustre supérieur	98	48.5	102.05	0.370
Calcaire néocomien à serpules	91	32	89	0.360
Calcaire corallien rose (Lavalette)	95.9	28.3	82.5	0.342
Calcaire dévonien de Caunes	95	24.2	74.70	0.325
Calcaire noir de l'Ariège (terrains primaires)	92.5	21.3	74.83	0.285
Calcaire noir dévonien de Marignac	92	21.3	76.87	0.277
Spath (calcaire cristallisé en rhomboèdres)	100	17.0	65	0.262
Calcaire oxfordien (St-Georges)	80	24.2	96.5	0.250
Calcaire bajocien à encrines	82.6	17.9	75.5	0.237
Calcaire bajocien à chailles	81.8	18 9	91	0.209
Calcaire néocomien (Lavalette)	92.5	20.0	102	0.198
Dolomie poreuse (Cargneule)	69.5	16.5	98.05	0.168
Aragonite (carbonate prismatique)	97	12.1	75	0.160
Calcaire bajocien à cancelloficus	62	7.95	76	0.104
Marbre altéré des Pyrénées (terrains primaires)	35.5	1.91	57.06	0.035
Calcaire bajocien dolomitique	81	2.24	86	0.026
Calcaire noirâtre dolomitique (Pic St-Loup)	101.8	0.373	73.57	0.00508
Dolomie ferrugineuse de l'Ariège	80	0.154	76.08	0 00202
Calcaire bajocien bitumineux	94	0.100	78	0.00128
Calcaire dévonien (Lodève)	77	0.060	65	0.00093

Le tableau ci-dessus, dans lequel sont consignés les principaux résultats obtenus par l'application de notre méthode, mentionne : 1° la nature géologique des

calcaires essayés et leur teneur en carbonate de chaux (1) déduite de l'acide carbonique dégagé ; 2° la surface totale extérieure des particules contenues dans 500 milligrammes de l'échantillon ; 3° le poids de calcaire attaqué par seconde ; 4° le poids de calcaire attaqué par seconde et par centimètre carré ou *vitesse d'attaque spécifique*.

La figure 10 reproduit les graphiques de l'attaque de six variétés de calcaire différant assez notablement par les valeurs de leur vitesse d'attaque spécifique. Ce sont : le tuf quaternaire TQ, le calcaire lacustre CL, le calcaire corallien CC, le spath CS, le calcaire dolomitique CD et le calcaire bitumineux CB.

Les *vitesses d'attaque spécifiques* des diverses variétés de calcaire varient, on le voit, entre des limites très étendues, soit depuis 1350 pour la marne pliocène à rognons jusqu'à 0,00093 pour le calcaire dévonien de Lodève.

Les plus grandes vitesses d'attaque sont présentées par les calcaires à texture poreuse, se désagrégeant plus ou moins facilement et possédant une faible densité qui s'abaisse, dans le cas du tuf quaternaire, jusqu'à 1,85, tandis que la densité des calcaires compacts est voisine de 2,65.

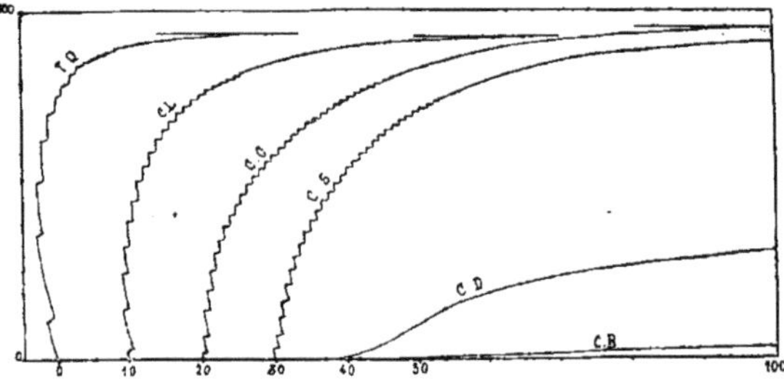

Fig. 10. — Graphiques d'attaque de divers calcaires : TQ tuf quaternaire, CL calcaire lacustre, CC calcaire corallien, CS spath, CD calcaire dolomitique, CB calcaire bitumineux.

Les plus faibles vitesses d'attaque sont données par les calcaires dolomitiques ou bitumineux ou par certains calcaires anciens. Enfin les vitesses d'attaque moyennes correspondent aux différentes variétés de calcaires cristallisés ou amorphes, mais compacts, appartenant aux diverses formations géologiques, mais plus spécialement aux terrains jurassiques.

L'exagération de la vitesse d'attaque pour les calcaires poreux peut s'expliquer par le fait que la surface d'attaque présentée par les particules est supérieure à leur surface extérieure. La solution acide pénètre les particules et la réaction s'opère à la fois à l'extérieur et partiellement à l'intérieur dans le voisinage de la surface. De plus, les particules primitives peuvent se désagréger et la surface d'attaque se trouve ainsi augmentée.

La réduction de la vitesse d'attaque pour certains calcaires paraît due à la présence de matières étrangères qui enrobent les particules et les soustraient partiellement à l'action de l'acide : tel est le cas des calcaires bitumineux. Le calcaire bajocien à chailles, contenant des inclusions de silice, est, de ce fait, moins attaquable que les autres calcaires jurassiques.

Enfin, indépendamment de ces diverses causes qui expliquent quelques-unes

(1) Cette valeur ne correspond exactement à la teneur pour 100 en calcaire de la roche qu'autant qu'elle ne renferme que du carbonate de chaux. Pour les calcaires magnésiens, cette valeur est légèrement supérieure à leur teneur en carbonate.

des particularités des vitesses d'attaque spécifiques des divers calcaires, on peut encore invoquer l'existence d'états physiques différents déterminant des vitesses de réaction inégales. Le carbonate de chaux cristallisé en rhomboèdres (spath). (densité 2,65) s'est montré plus attaquable que le carbonate de chaux cristallisé en prismes (aragonite) (densité 2,92).

Marche de l'attaque par l'acide chlorhydrique de divers calcaires

INTERVALLE du temps		MARNES pliocènes	CALCAIRE lacustre inférieur	CALCAIRE corallien	SPATH	CALCAIRE dolomitique
		millim.	millim.	millim.	millim.	millim.
De 0 sec.	à 1 sec.	14.5	7.0	4.5	1.4	0.3
1	2	11.5	6.0	5.2	1.9	0.3
2	3	8	4.5	4.6	2.2	0.4
3	4	6	4.5	3.6	2.3	0.5
4	5	4	3.5	3.4	2.3	0.3
5	6	2	3.4	3.0	2.0	0.6
6	7	2	2.6	2.8	2.2	0.6
7	8	1.8	2.4	2.5	1.8	0.6
8	9	1.3	2.0	2.0	1.8	0.7
9	10	0.8	1.9	1.8	1.8	0.6
10	15	2.0	6.1	7.0	7.3	2.5
15	20	0.8	3.1	4.7	6.1	2.3
20	25	0.3	2.1	3.2	5.2	1.8
25	30	0.1	1.7	2.4	4.3	1.6
30	35	0.0	1.0	1.8	3.2	1.4
35	40	»	1.0	1.2	3.0	1.2
40	45	»	0.5	0.9	2.3	1.0
45	50	»	0.3	0.5	1.7	1.0
50	100	»	0.0	2.0	9.0	4.4
100	200	»	»	0.4	0.0	1.4
200	400	»	»	0.0	»	1.8

Indépendamment du caractère tiré de la vitesse d'attaque spécifique déduite de la marche du dégagement gazeux pendant le premier tiers de la réaction, chaque calcaire, pour un état de division déterminé, présente un régime d'at-

Diversité d'allure présentée par l'attaque de deux calcaires

INTERVALLE DE TEMPS		CALCAIRE dolomitique bajocien	CALCAIRE bitumineux bajocien
		millim.	millim.
De 0 sec.	à 50 sec.	17.7	2.1
50	100	4.4	0.8
100	1000	8.2	9.7
1000	2000	10.5	14.7
2000	3000	6.7	13.6
3000	4000	2.4	9.1
4000	5000	0.8	5.0
5000	6000	0.0	2.1

taque différent et qui peut parfois servir à le caractériser, bien qu'un certain nombre de calcaires présentent un régime d'attaque assez analogue. Le tableau précédent donne la marche de l'attaque par l'acide chlorhydrique dilué de divers calcaires seconde par seconde, de 0 seconde à 10 secondes, par 5 secondes de 10 secondes à 50 secondes, puis, pour des intervalles plus distants.

On voit que tandis que l'attaque est terminée pour la marne pliocène au bout de 30 secondes, elle n'est pas complète pour le calcaire dolomitique au bout de 400. Quelques calcaires exigent même plusieurs heures pour que la réaction soit achevée.

D'autre part, tandis que, pour la marne pliocène, l'attaque se ralentit progressivement depuis l'origine jusqu'à la fin de la réaction, le dégagement subit, au contraire, pour le calcaire dolomitique, un brusque ralentissement après l'attaque d'une quantité de calcaire égal au tiers environ de la teneur en calcaire de la roche, indiquant un changement de régime d'attaque. L'examen du calcaire dolomitique montre que la roche est formée de deux variétés de calcaire distinctes, une partie friable, qui s'attaque rapidement la première, et une partie cristalline et compacte, constituant les cloisons des lacunes caractéristiques de cette variété de calcaire dolomitique (Cargneule) (fig. 11).

Le tableau suivant permet de comparer plus facilement les régimes d'attaque

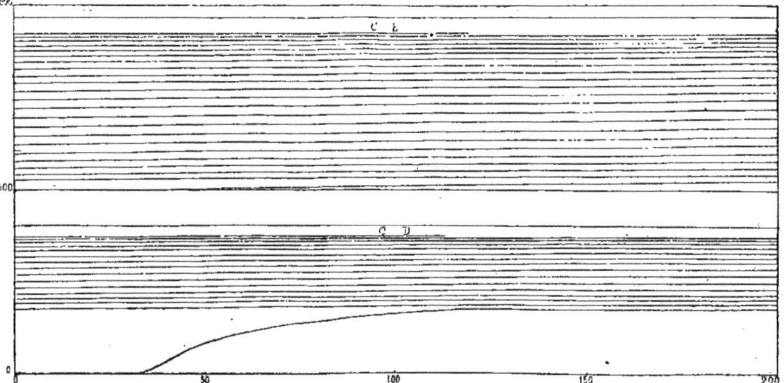

Fig. 11. — Graphiques d'attaque : CB, calcaire bitumineux ; CD, calcaire dolomitique.

essentiellement distincts de deux calcaires caractérisés l'un et l'autre par une durée assez considérable de la période d'attaque totale.

L'attaque, rapide au début pour le calcaire dolomitique, se réduit brusquement après 50 secondes, puis décroît graduellement. Pour le calcaire bitumineux, l'attaque est lente et régulière ; elle présente un léger accroissement de vitesse de 1000 à 2000 secondes, puis décroît graduellement.

L'inscripteur précédemment décrit se prête, on le voit, non seulement à la détermination de la vitesse d'attaque spécifique des divers calcaires ; il permet encore d'analyser plus intimement la marche caractéristique de leur attaque. Nous verrons ultérieurement qu'il est également applicable à la mesure de la vitesse d'attaque des diverses terres calcaires renfermant cet élément à des états de ténuité essentiellement différents.

ÉTUDE COMPARÉE DES DIVERS ACIDES

POUR LA DÉTERMINATION DE L'ÉTAT PHYSIQUE DU CALCAIRE

1. Vitesse d'attaque du calcaire par l'acide carbonique en dissolution.

Pour étudier les variations des vitesses d'attaque des diverses variétés de calcaire par les dissolutions d'acide carbonique et les comparer avec les vitesses d'attaque déterminées par l'acide chlorhydrique ou l'acide tartrique, nous avons adopté le dipositif suivant. Un flacon de verre de 1 litre de capacité à parois épaisses fermé par un bouchon à vis V comprimant une rondelle de cuir, reçoit 700 cc. d'eau distillée. Dans l'axe du flacon est fixé un tube générateur d'acide carbonique *ts.*, disposé de telle sorte que l'acide carbonique ne commence à se dégager qu'après la fermeture du flacon.

A cet effet, le tube générateur est chargé de 3 grammes de carbonate de soude en poudre tassé à sa partie inférieure. Au-dessus du carbonate est maintenu à 3 centimètres d'écartement l'orifice d'un tube *t* rétréci à sa partie inférieure et renfermant 8 cc d'acide sulfurique étendu de son volume d'eau. Le rétrécissement qui conduit à l'orifice du tube est rempli d'une colonne de carbonate de soude fortement tassé de 2 centimètres de longueur sur 3 m/m de diamètre. Cette colonne de carbonate établit une séparation momentanée entre l'acide et les 3 grammes de carbonate de soude qui doivent fournir l'acide carbonique nécessaire à la saturation des 700 cc d'eau distillée enfermés dans le flacon. En deux minutes environ la séparation est détruite et l'acide tombe sur le carbonate de soude qu'il attaque assez rapidement, mais avec régularité. Un tube abducteur fixé au sommet du tube générateur oblige l'acide carbonique à se dégager à l'intérieur du liquide contenu dans le flacon. Le bouchon à vis qui ferme le flacon est percé d'un orifice sur lequel est adapté un manomètre à air comprimé servant à indiquer la pression intérieure du mélange gazeux.

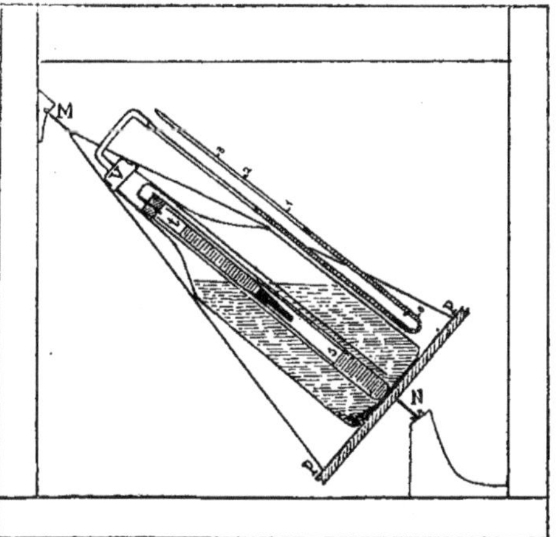

Fig. 12. — Attaque du calcaire par une dissolution d'acide carbonique.

Pour étudier la vitesse d'attaque spécifique des divers calcaires, on a préparé un échantillon de la roche triturée au marteau dont on régularise l'état de division à l'aide de deux tamisages successifs opérés l'un au tamis n° 25, l'autre au tamis n° 60. Le tamis n° 25 compte 9 mailles au centimètre, le diamètre des fils est de 0 m/m 35 ; le tamis n° 60 compte 24 mailles au centimètre ; le diamètre des fils est de 0 m/m 175. Le diamètre des particules réservées pour l'essai qui passent au tamis n° 15 et restent sur le tamis n° 60 est ainsi compris entre 0 m/m 346 et 0 m/m 761. On enlève par un lavage méthodique dans une éprouvette, les particules de plus faible diamètre qui pourraient être restées adhérentes aux particules tamisées. Quand l'eau de lavage s'écoule absolument limpide, l'échantillon est jeté sur un filtre, puis desséché à l'étuve.

On détermine alors à l'aide de l'appareil pour la mesure des perméabilités, la valeur de la surface extérieure des particules pour 2 grammes de chaque échantillon de calcaire. Nos observations ont porté sur trois calcaires caractérisés par des vitesses d'attaque à l'acide chlorhydrique essentiellement différentes. Voici les résultats donnés par les mesures de perméabilité faites sous un tassement de 10 kgs par centimètre carré.

	DÉBIT par minute q' $h = 20$ gr.	VOLUME du calcaire pour 2 gr.	DENSITÉ
Tuf quaternaire	1417cc	1cc80	1.46
Calcaire corallien	1500cc	1cc45	2.65
Calcaire bitumineux	1575cc	1cc40	2.65

La surface extérieure des particules a été calculée par la relation

$$S = 832.6 \sqrt{\frac{s^3 l}{q'}}$$

qui donne la surface S en fonction de s, section totale des orifices capillaires, la longueur l de ces orifices et q' débit du gaz par minute dans les conditions de l'expérience. S et s sont exprimés en millimètres carrés, l en millimètres et q' en centimètres cubes. On obtient ainsi les valeurs suivantes pour la surface totale S des particules contenues dans 2 grammes de chaque échantillon :

Tuf quaternaire	S = 110cq.
Calcaire corallien	S = 272cq.
Calcaire bitumineux	S = 244cq.

Peur déterminer la vitesse de dissolution du calcaire dans la solution d'acide carbonique, on introduit dans le flacon précédemment décrit 2 grammes de l'un des échantillons ; on y verse les 700 cc d'eau distillée et l'on insère le tube générateur d'acide carbonique ; puis l'on ferme rapidement à l'aide du bouchon à vis et l'on agite de 2 en 2 minutes jusqu'à cessation du dégagement de l'acide carbonique ; on lit alors le manomètre.

Le flacon est ensuite déposé sur un plateau P. P. (fig. 12) incliné à 45° sur l'horizontale et recevant d'une petite turbine à eau un mouvement régulier de rotation de 45 tours environ par minute. La rotation du système oblige le calcaire à s'étaler sur le fond du flacon et les remous provoqués à l'intérieur du liquide renouvellent sans cesse la solution en contact avec les particules calcaires. Après deux heures de rotation, on agite une dernière fois à la main vivement, et l'on fait une deuxième lecture du manomètre. On ouvre le flacon et l'on prélève deux échantillons de 250 cc du liquide.

Les 250 ^{cc} du liquide tenant en dissolution le carbonate sont portés à l'ébullition pendant une heure jusqu'à réduction de leur volume à 100 ^{cc} environ. Si le carbonate de chaux dissous est supérieur à celui qui peut rester en dissolution en l'absence d'acide carbonique, il se forme un précipité que l'on recueille sur un double filtre. Le liquide filtré est ensuite évaporé jusqu'à siccité. Le résidu repris à l'acide chlorhydrique est précipité par le carbonate de soude ; on obtient ainsi un nouveau précipité de carbonate de chaux qui est ajouté au premier précipité obtenu.

Nos comparaisons, qui ont porté sur les 3 calcaires dont les surfaces de dissolution ont été indiquées plus haut, ont donné les résultats suivants :

1re EXPÉRIENCE. TUF QUATERNAIRE (5 juillet 1893)

Durée de l'attaque par l'acide carbonique	2^h18^m
Pression moyenne au manomètre	$1^{atm}77$
Température du liquide	28^o7
Volume d'acide carbonique dissous par litre	955^{cc}
Carbonate de chaux dosé (échantillon n° 1) par litre	316^{mgr}
Carbonate de chaux dosé (échantillon n° 2) par litre	308^{mgr}
Carbonate de chaux dissous par la solution (700^{cc})	218^{mgr}
Carbonate de chaux dissous par heure par la solution	95^{mgr}
Carbonate de chaux dissous par heure par solution contenant son volume de CO^2	99^{mgr}
Surface totale des particules de 2 grammes	110^{cq}
Vitesse d'attaque par seconde et par centimètre carré	$0^{mgr}000250$

2e EXPÉRIENCE CALCAIRE CORALLIEN (7 juillet 1893)

Durée de l'attaque par l'acide carbonique	2^h24^m
Pression moyenne au manomètre	$1^{atm}76$
Température du liquide	28^o6
Volume d'acide carbonique dissous par litre	946^{cc}
Carbonate de chaux dosé (échantillon n° 1)	136
Carbonate de chaux dosé (échantillon n° 2)	128
dissous par la solution (700^{cc})	92
dissous par heure par la solution	38,5
dissous par heure par la solution contenant son volume de CO^2	40,5
Surface totale des particules de 2 grammes	272^{cq}
Vitesse d'attaque par seconde et par centimètre carré	0,0000415

3e EXPÉRIENCE. CALCAIRE BITUMINEUX (17 juillet 1893)

Durée de l'attaque par l'acide carbonique	2^h12^m
Pression moyenne au manomètre	$1^{atm}81$
Température du liquide	27°
Volume d'acide carbonique dissous par litre	1010^{cc}
Carbonate de chaux dosé (échantillon n° 1) par litre	52^{mgr}
Carbonate de chaux dosé (échantillon n° 2) par litre	52^{mgr}
dissous par la solution (700^{cc})	36,4
dissous par heure par la solution	16,6
dissous par heure par la solution contenant son volume de CO^2	16,4
Surface totale des particules de 2 grammes	244^{cq}
Vitesse d'attaque par seconde et par centimètre carré	0,0000187.

Le tableau suivant donne les vitesses d'attaque spécifiques mesurées sur les mêmes échantillons pour les trois acides chlorhydrique, tartrique et carbonique.

L'acide chlorhydrique qui a servi à l'attaque a été dilué de trois fois son volume et l'acide tartrique de trois fois son poids d'eau. La solution d'acide carbonique contenait son volume de ce gaz.

	VITESSES D'ATTAQUE		
	Tuf quaternaire	Calcaire corallien	Calcaire bitumineux
Acide chlorhydrique........	1mgr443	0.407	0.00272
» tartrique.............	0.173	0.047	0.00043
» carbonique	0.000250	0.0000415	0.0000187

Si l'on fait égale à 100 la vitesse d'attaque du tuf quaternaire par chacun des acides comparés, celle des deux autres calcaires essayés est représentée respectivement par les nombres suivants :

	Tuf quaternaire	Calcaire corallien	Calcaire bitumineux
Acide chlorhydrique........	100	28.2	0.188
» tartrique.............	100	27.2	0.248
» carbonique	100	16.6	7.480

Les calcaires extrêmes le tuf quaternaire et le calcaire bitumineux, présentent ainsi de moins grands écarts dans leurs vitesses de solubilité à l'acide carbonique que dans leurs vitesses d'attaque par l'acide chlorhydrique et tartrique. Le sens du phénomène est toutefois conservé. On voit en outre que pour le tuf quaternaire et le calcaire corallien dont les vitesses d'attaque correspondent à celles des variétés de calcaire les plus répandues, la proportionnalité des vitesses d'attaque pour les divers acides est mieux satisfaite que pour le calcaire bitumineux. On peut remarquer d'ailleurs que ce dernier présente au point de vue de l'attaque des acides une constitution essentiellement différente de celle des autres calcaires. Il renferme des matières bitumineuses qui peuvent influer indépendamment de la structure physique du calcaire sur l'attaque des acides.

La faiblesse de la vitesse d'attaque des calcaires par la solution d'acide carbonique contenant son volume de gaz fait prévoir quelle est la lenteur du phénomène de dissolution dans le sol où la proportion en acide carbonique ne dépasse pas en général 1 °/₀. De plus, tandis que dans nos expériences le contact du liquide avec le calcaire était constamment renouvelé, les liquides du sol ne sont soumis qu'à des déplacements de vitesse excessivement réduite. On peut remarquer en outre que ce seront les calcaires les plus fins où la vitesse de circulation du liquide dissolvant sera le plus faible. De telle sorte que, malgré l'exagération des surfaces d'attaque dans les sols à éléments fins, et la faiblesse du taux de calcaire nécessaire à la saturation des eaux du sol, il est possible que l'équilibre de saturation demande plusieurs jours pour être atteint. Si d'autre part les eaux du sol exigent un maximum de teneur en calcaire pour déterminer l'accident de la chlorose, on comprendrait que cette condition ne puisse être remplie qu'à certaines époques de l'année et pour des sols où le calcaire se présente sous un état de division suffisant.

II. Mesure de la vitesse spécifique du calcaire dans le sol.

Nous avons vu précédemment que la quantité de calcaire attaquée par seconde P était proportionnelle à la vitesse spécifique d'attaque V du spath par l'acide chlorhydrique, à un facteur K dépendant de la nature du calcaire et à la surface S offerte par les particules de la roche : on aurait $P=KVS$. Si l'on remplace l'acide chlorhydrique par un acide A, il semble que l'on puisse obtenir la valeur de la quantité de calcaire attaquée par seconde en multipliant l'expression précédente par un coefficient K' exprimant le rapport de l'énergie d'attaque de l'acide A par rapport à celle de l'acide chlorhydrique. Mais cette conclusion ne saurait être exacte qu'autant que l'on supposerait que pour les diverses variétés de calcaire les vitesses d'attaque spécifiques des divers acides restent proportionnelles. Il faudrait supposer en un mot que si la vitesse d'attaque du calcaire par l'acide tartrique varie de 1 à 1/10 par exemple en passant du calcaire corallien au calcaire bitumineux, cette réduction se fait aussi dans le même rapport pour chacun des acides employés. L'expérience montre que si cette conclusion se vérifie pour un certain nombre de variétés de calcaire de constitution voisine, elle ne s'applique pas aux calcaires qui diffèrent notablement au point de vue des vitesses d'attaque. Il faudrait, à la vérité, choisir un acide qui présente pour les divers calcaires des énergies d'attaque proportionnelles à celles des solutions d'acide carbonique. Mais si un tel acide n'existe pas, il faudra rechercher celui qui s'en rapprochera le plus et qui tout au moins sera susceptible d'attaquer avec des énergies différentes tous les calcaires attaquables à l'acide carbonique.

Parmi les divers acides qui paraissent devoir remplir ces conditions nous avons essayé les acides sulfurique, chlorhydrique, tartrique, acétique à divers degrés de dilution.

L'acide sulfurique a tout d'abord dû être éliminé, parce qu'il forme au bout de quelques secondes d'attaque, à la surface des grains de calcaire un précipité adhérent de sulfate de chaux qui empêche le contact ultérieur de l'acide et limite tout d'abord brusquement l'attaque. Puis l'acide pénètre lentement le calcaire au travers du dépôt de sulfate; le grain se fissure et se délite en offrant de nouvelles surfaces d'attaque. Celle-ci reprend et la vitesse de dégagement de l'acide carbonique dans cette deuxième phase mesure la vitesse du délitement de la roche calcaire pénétrée par l'acide, mais est sans relation directe avec la vitesse d'attaque des particules initiales constitutives du sol.

Une raison analogue a fait rejeter l'emploi de l'acide chlorhydrique non dilué; il se forme un précipité de chlorure de calcium incomplètement soluble dans une quantité d'acide limitée et l'attaque du calcaire n'est pas totale par suite de l'adhérence de ce précipité insoluble à la surface des particules.

Les comparaisons ont porté sur l'acide chlorhydrique et l'acide acétique dilué et sur les solutions d'acide tartrique. Un poids de 500 milligrammes de spath amené à un même état de division a été traité par les solutions acides suivantes :

1° Acide chlorhydrique : acide à 22° Baumé étendu de 3 fois son volume d'eau ;
2° Acide acétique : acide acétique cristallisable étendu de 3 fois son volume d'eau ;
3° Acide tartrique : acide tartrique cristallisé étendu de 3 fois son poids d'eau.

L'attaque a été opérée dans l'appareil inscripteur qui a servi à la détermination de la vitesse d'attaque spécifique des diverses variétés de calcaire. Les chiffres du tableau suivant donnent la valeur de l'attaque au bout de temps successifs en l'exprimant en déviations du style mesurées en millimètres. 500 milligrammes de calcaire attaqués correspondent à une déviation du style de 60 m/m 5. Le poids de calcaire attaqué dans chaque phase de la réaction s'obtiendrait donc en multipliant la déviation du style par $\frac{500}{60,5}$.

La figure 13 représente la marche de l'attaque comparée des trois acides pendant les 100 premières secondes. LT représente la limite d'attaque de l'acide tar-

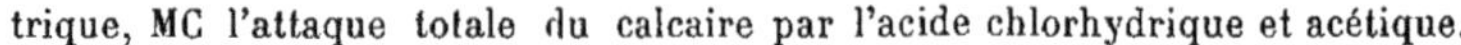

trique, MC l'attaque totale du calcaire par l'acide chlorhydrique et acétique.

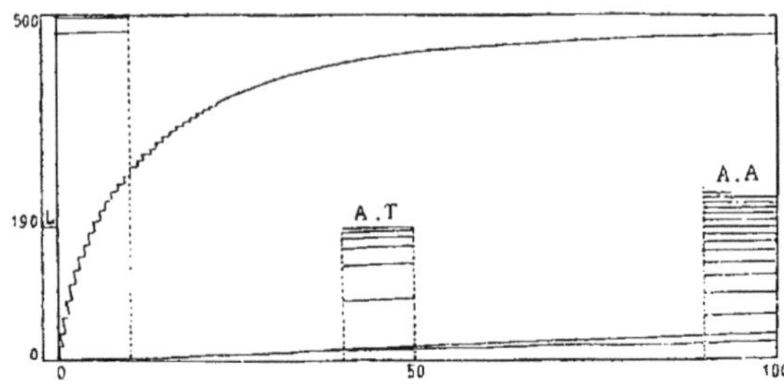

Fig. 13. — Attaque comparée d'un calcaire par les acides chlorhydrique, tartrique, acétique.

ATTAQUE DE 500^{mgr} DE SPATH (SURFACE INITIALE = 65^{cq}).

Durées	*Acide chlorhydrique*	*Acide tartrique*	*Acide acétique*
	Déviation du style en millimètres		
0"	0	0	0
10	24^{mm}	»	»
20	38	»	»
30	45	»	»
40	49.5	»	»
50	52.2	2.2	2.1
100	»	4.0	2.8
200	»	8.5	5.3
300	»	12.0	7.6
400	60,5	15.0	9.6
500		17.2	11.7
600		18.5	13.2
700		19.7	14.7
800		20.5	15.9
900		21.2	17.0
1000		21.7	18.0
2000		23 (limite)	25.0
3000		»	29.0
		»	l'attaque continue

L'acide chlorhydrique est le seul qui détermine l'attaque rapide et complète des 500 milligrammes de spath. Avec l'acide tartrique elle est limitée. Avec l'acide acétique elle est très lente et avant que la moitié du calcaire ait été dissoute, l'ascension du style est si lente que les traits tracés à 200 secondes d'intervalle se recouvrent sensiblement. Il devient impossible de suivre la marche de l'attaque surtout pour les calcaires difficilement attaquables.

Notre choix semblait donc devoir se porter sur l'acide chlorhydrique. Toutefois il avait l'inconvénient de produire une attaque trop rapide et, dans le cas des sols à calcaire très divisé il était difficile de déterminer les vitesses d'attaque pendant les premières phases de la réaction où elles présentent précisément le plus d'intérêt. Nous avons essayé de réduire cette énergie d'attaque en augmentant la dilution de l'acide. Le tableau suivant donne la marche de l'attaque de 500 milligrammes de spath par l'acide chlorhydrique à divers degrés de dilution :

ATTAQUE DE 500mgr DE SPATH. SURFACE = 65cq.

Acide chlorhydrique

	1 vol. acide + 3 vol. d'eau V = 10cc	1 vol. acide + 7 vol. d'eau V = 20cc	1 vol. acide + 15 vol. d'eau V = 20cc
Durées	Déviation du style en millimètres		
0"	0	0	0
10	24	11.5	5
20	38	23.0	12
30	45	30.0	19
40	49.5	36.5	25
50	52.2	39	30
100	56.2	44	38.5
200	59.0	48	44.0
300		50	45.5
400		51.5	47.2
500		52.5	48.2
attaque complète	60.5	54.0	52.5

La vitesse d'attaque décroît, on le voit, assez rapidement avec la dilution de la solution acide ; mais pour la ramener à la valeur de la vitesse d'attaque déterminée par la solution d'acide tartrique, il conviendrait toutefois d'essayer encore davantage la dilution de l'acide. Il arriverait alors que la quantité d'acide contenu dans 10cc de la solution serait insuffisante à attaquer 500 milligrammes de calcaire, ou tout au moins que les variations d'acidité de la solution présenteraient des écarts très grands du commencement à la fin de l'attaque.

Si l'on voulait maintenir constante la quantité d'acide réagissant, il faudrait augmenter considérablement le volume de la solution. Cet accroissement du volume du liquide aurait l'inconvénient d'augmenter notablement la proportion d'acide carbonique dissous et de diminuer la déviation du style en faussant les indications de l'inscripteur. On voit que dans les expériences qui précèdent l'augmentation du volume de la solution porté seulement de 10 à 20cc et la diminution d'acidité ont amené une dissolution supplémentaire d'acide carbonique déjà sensible qui a réduit la déviation du style de 60 m/m 5 à 54 m/m 0 et 52 m/m 5.

Nous avons ainsi été amenés à adopter l'acide tartrique pour la détermination de la vitesse d'attaque des sols calcaires. L'attaque est il est vrai limitée, mais la limitation ne se produit que lorsque la dissolution est saturée par le tartrate neutre de chaux. A la condition de mesurer la vitesse d'attaque pendant les premières phases de la réaction, on obtient assez exactement la vitesse d'attaque du calcaire par l'acide tartrique; elle est proportionnelle à la fois à la vitesse spécifique d'attaque du calcaire et à la surface de ses particules liée à son état de division. Nous verrons en outre que la limite d'attaque observée à l'acide tartrique donne, en la comparant à l'attaque totale à l'acide chlorhydrique une indication spéciale sur la grandeur de la surface extérieure des particules calcaire.

III. Mesure de la surface extérieure des particules calcaires du sol.

Si le sol était exclusivement calcaire ou bien encore si le calcaire s'y trouvait dans un état de division semblable à celui des autres particules non calcaires la mesure de la perméabilité du sol préalablement tamisé, délayé à l'éther et desséché ferait connaître la valeur approchée de la surface des particules calcaires.

Il suffirait en effet de multiplier la surface correspondant à la perméabilité par le taux du calcaire dans l'échantillon examiné.

Nous verrons ultérieurement que les sols les plus divisés sont aussi ceux où en général le calcaire présente un état de division le plus avancé; mais aucune proportionnalité rigoureuse ne semble *à priori* devoir exister entre le degré de division des particules calcaires et celui des particules non calcaires. Il peut même arriver que, chez certains sables marneux, les particules calcaires présentent une grande ténuité tandis que les éléments non calcaires y seront très grossiers. La perméabilité moyenne du sol ne saurait, dans ce cas, donner une indication exacte sur la surface des éléments calcaires.

Il semble au premier abord que l'on puisse avoir recours à l'artifice suivant pour décider du degré de finesse des particules calcaires comparativement à celui des autres éléments. Ce serait de déterminer d'abord la perméabilité du sol étudié, puis d'enlever le calcaire par l'action de l'acide chlorhydrique et d'opérer une deuxième détermination de perméabilité sur le sol dépouillé de son calcaire. Si la perméabilité mesurée après l'attaque était supérieure à celle du sol complet, on pourrait en conclure que l'élément calcaire y était plus finement divisé que l'élément non calcaire. Si, au contraire, la perméabilité après l'attaque était inférieure à celle d'avant on serait autorisé à en déduire une conclusion inverse. Mais ce procédé ne pourrait donner qu'une indication sur l'état de division comparé du calcaire et des autres éléments du sol; il ne pourrait donner aucun renseignement même approché pour comparer les surfaces des particules calcaires dans deux sols différents. De plus l'attaque du sol par l'acide aurait le grave inconvénient de modifier l'état de division des éléments du sol en les désagrégeant. C'est ce qui arriverait infailliblement pour un sable à gros éléments dont les particules renfermeraient du calcaire associé aux autres éléments non calcaires. Bien que le calcaire y fût peu divisé à l'origine, l'action de l'acide aurait pour effet de réduire considérablement la perméabilité.

Il restait donc à rechercher un procédé susceptible de donner une indication approchée et tout au moins comparative de la surface d'attaque des particules calcaires dans les divers sols. Ce procédé, nous croyons l'avoir trouvé dans la mesure de l'attaque limitée des calcaires par l'acide tartrique et dans la comparaison du calcaire attaqué par l'acide tartrique avec le calcaire total mesuré par l'attaque à l'acide chlorhydrique.

M. De Montdésir avait indiqué l'emploi de l'acide tartrique comme révélateur du *degré d'assimilabilité* du calcaire et le rapport variable entre l'attaque à l'acide tartrique et l'attaque à l'acide chlorhydrique avait été attribué par M. Coutagne à l'*inégale facilité d'attaque* des éléments calcaires. Nos recherches nous ont montré que la *limite d'attaque observée* pour la solution d'acide tartrique que nous avons employée et pour un certain rapport entre le volume de la solution et le poids du calcaire réagissant *était intimement liée a la valeur de la surface des particules calcaires* et pouvait servir à la définir.

L'attaque du calcaire par l'acide tartrique donne naissance à de l'acide carbonique qui se dégage et à du tartrate neutre de chaux faiblement soluble dans la solution d'acide tartrique. Une partie du tartrate de chaux se dépose à la surface des particules calcaires aussitôt que la limite de solubilité a été atteinte et lorsque l'épaisseur de ce précipité adhérent est devenue suffisante, l'attaque s'arrête définitivement. Pour nous en assurer, 500 milligrammes de calcaire (coquilles triturées n° 1) ont été attaqués dans le flacon à réaction de l'appareil par 10^{cc} de la solution contenant $2^{g},5$ d'acide tartrique. Le volume d'acide carbonique dégagé jusqu'à la fin de la réaction, bien avant l'épuisement de la solution acide, correspondait à 388 ^{mg} de carbonate de chaux. Le résidu comprenant le calcaire non attaqué et le tartrate de chaux formé pendant la réaction a été jeté en un filtre et lavé avec une faible quantité d'eau distillée afin de ne pas dissoudre le tartrate de chaux. Le poids du résidu de l'opération desséché à l'étuve a été trouvé de $0^{g},985$. Si l'on en retranche les $0^{g},500 - 0^{g},388 = 0^{g},112$ de carbonate de chaux non attaqué, il reste $0^{g},873$ pour la valeur du tartrate de chaux adhérent et précipité.

D'autre part la réaction peut être interprétée par l'équation chimique :

$$2CaOCO^2 + C^8H^4O^{10}, H^2O^2 + 3H^2O^2 = C^8H^4O^{10}, Ca^2O^2 + 4H^2O^2 + 2CO^2$$

Cette équation indique que 100 de $CaOCO^2$ équivalent da ns cette décomposi tion à 260 de tartrate neutre de chaux à 8 équivalents d'eau. L'attaque de $0^{gr}388$ de calcaire a donc donné $0^{gr}388 \times \frac{260}{100} = 1008^{gr}$ de tartrate neutre. Comme, d'autre part le précipité, n'en contenait que $0^{gr}872$ il faut en conclure que $0^{gr}135$ sont restés en dissolution.

Le titre initial du liquide en acide tartrique était de $2^{gr}500$ dans 10^{cc} du mélange; le titre final était de $2^{gr}500 - 0,582 = 1^{gr}918$ pour 10^{cc}.

C'est en partant de cette observation que nous nous sommes proposé de déterminer les quantités de tartrate de chaux nécessaires pour limiter l'attaque d'une surface déterminée de calcaire. Nous avons préparé par le clivage des lames de spath de 2 à 3 millimètres d'épaissenr et présentant chacune des surfaces totales de 5 à 6 centimètres carrés. Ces lames ont été réparties en 3 lots de 2, 4 et 6 lames correspondant à des surfaces variant à peu près comme les nombres 1, 2 et 3 et qui ont été mesurées aussi exactement que possible. Les lames de spath ont été lavées à l'eau puis à l'éther, et, après avoir été séchées au papier buvard, elles ont été introduites dans le flacon à réaction de l'inscripteur et attaquées par 10^{cc} de la solution contenant $2^{gr}500$ d'acide tartrique.

La durée de l'attaque a été de 3000 secondes environ et au bout de ce temps le style a cessé de dévier et les traits se sont recouverts assez exactement pendant un temps au moins égal. Le déviation H' du style ainsi mesurée, a été prise comme valeur du carbonate de chaux décomposé jusqu'à la cessation de l'attaque du calcaire.

L'expérience a été renouvelée à l'aide de plaquettes de marbre blanc poli, préalablement attaquées pendant 1 minute à l'acide chlorhydrique additionné de 3 fois son volume d'eau. L'expérience a été conduite comme avec les lames de spath. Le tableau suivant résume les résultats des deux séries d'expériences.

Surface des lames calcaires (spath)	$11^{cq}74$	$22^{cq}73$	$33^{cq}50$
Déviation limite du style (H')	$19^{mm}5$	$24^{mm}5$	$29^{mm}9$
Poids du carbonate de composé (p)	$161^{mg}1$	202	247
Surface des lames calcaires (marbre)	$12^{cq}62$	24,14	34,14
Déviation limite du style (H')	$18^{mm}8$	$24^{mm}0$	$30^{mm}5$
Poids du carbonate décomposé (p)	155	198	252

Il est facile de déduire de ces résultats la valeur de l'épaisseur de la couche de tartrate de chaux qui limite l'attaque ainsi que les poids du calcaire attaqué pour une surface déterminée des lames de calcaire.

On a, en désignant par x le tartrate de chaux dissous et par y le tartrate précipité adhérent par centimètre carré exprimés l'un et l'autre en déviation du style de l'inscripteur dont les excursions limites sont h et h' pour des surfaces d'attaque s et s' :

$$x + ys = h \quad \text{et} \quad x + ys' = h'$$

Si l'on prend les déterminations 1 et 2 du spath, on obtient les deux équations :

$$(1)\ x + 11,75\, y = 19,5 \qquad \text{et} \qquad x + 22,73\, y = 24,5\ (2)$$

Des équations (1) et (2) on déduit la valeur de x et celle de y,

$$\text{on trouve } y = 0,457 \qquad \text{et} \qquad x = 14,13.$$

Si l'on calcule de même x et y pour les observations 1 et 2 des plaques de marbre, on obtient pour x et pour y des valeurs voisines, savoir :

$$x = 13,11 \qquad \text{et} \qquad y = 0.452.$$

Nous avons pris pour x et y les moyennes des deux séries d'expériences qui donnent : $x = 13,62$ et $y = 0,454$. A l'aide de ces valeurs, nous avons calculé les valeurs de h pour les trois déterminations relatives aux lames de spath. Nous avons ainsi obtenu les vérifications suivantes :

Surface des lames calcaires	Déviation limite du style calculée	observée
11cq74	28,8	29,9
22cq73	24,0	24,5
33cq50	19,0	19,5

L'interprétation du phénomène de la limite d'attaque à l'acide tartrique que l'on vient de donner, permet de calculer la quantité de tartrate de chaux qui entre en dissolution jusqu'au moment où commence la précipitation du tartrate. Une déviation de 60mm5 du style correspondant à 500 milligrammes de carbonate de chaux, la déviation $x = 13^{mm}62$ correspondra à $\frac{13,62}{60,5} \times 500 = 112^{mgr}$ de carbonate de chaux attaqué pendant la période de dissolution du tartrate et équivalent à $112 \times \frac{260}{100} = 292^{mgr}$ de tartrate neutre de chaux.

Le poids de carbonate de chaux correspondant au tartrate adhérent aux lames de calcaire est égal par centimètre carré à $\frac{y}{60,5} \times 500 = \frac{0,454}{60,5} \times 500 = 3^{mgr}76$ équivalent à $9^{mgr}75$ de tartratre neutre de chaux. Si l'on admet pour le tartrate la densité 2,0, le volume du précipité serait $4^{mmc}87$, et son épaisseur à la surface du calcaire $0^{mm}0487$ soit inférieure à $\frac{5}{100}$ de millimètre.

L'épaisseur totale du calcaire corrodé dans l'attaque à l'acide tartrique de la surface de spath de 33cq50 se déduit de la déviation totale du style $h = 29^{mm}9$. Le poids du calcaire détruit sera : $\frac{29,9}{60,5} \times 500 = 247^{mgr}$ qui, pour une densité $D = 2,65$, occupe un volume de $93^{mmc}2$. L'épaisseur de la couche e détruite pendant l'attaque sera $e = \frac{93,2}{3350} = 0^{mm}0277$. Elle sera inférieure à $\frac{3}{100}$ de millimètre.

Nous nous sommes proposé de rechercher s'il existait une relation entre la surface des particules et l'état de division du calcaire d'une part, et les poids ou le volume du calcaire attaqué et du calcaire non attaqué par l'acide tartrique d'autre part. Si nous supposons tout d'abord que le calcaire est subdivisé en particules d'un égal diamètre; si V est le volume total du calcaire et v le volume dissous par l'action de l'acide tartrique, nous aurons en désignant par R le rayon des particules et par e l'épaisseur de calcaire dissous jusqu'à la limite d'attaque :

$$\frac{V - v}{V} = \left(\frac{R - e}{R}\right)^3.$$

Cette relation montre que la valeur du rapport $\frac{V - v}{V}$ croit avec la valeur de R.

Pour $R = \infty$, $\frac{V - v}{V} = 1$. Pour $R = e$, $\frac{V - v}{V} = o$.

Si l'assemblage est constitué par plusieurs catégories comprenant des particules de rayon R R' R″ associées en nombre η η' η'' la valeur du rapport $\frac{V - v}{V}$ sera :

$$\frac{V - v}{V} = \frac{\eta\,(R - e)^3 + \eta'\,(R' - e)^3 + \eta''\,(R'' - e)^3 + \dots}{\eta\,R^3 + \eta'\,R'^3 + \eta''\,R''^3 + \dots} = \frac{\Sigma\,\eta\,(R - e)^3}{\Sigma\,\eta\,R^3}.$$

Il est facile de voir que, dans ce cas, la valeur du rapport $\frac{V - v}{V}$ sera d'autant plus faible que les rayons des diverses catégories de particules seront plus petits et que les nombres représentant la quantité des petites particules dans l'assemblage, seront plus élevés. Le rapport $\frac{V - v}{V}$ sera donc d'autant plus faible que le calcaire sera plus divisé.

On peut remarquer en outre que si H représente l'ordonnée mesurant l'attaque totale à l'acide chlorhydrique et H' l'ordonnée totale correspondant à la limite d'attaque, à l'acide tartrique, on aura $\frac{H - H'}{H} = \frac{V - v}{V}$. Nous avons donc pris comme caractéristique de l'état de division du calcaire, le rapport $\frac{H - H'}{H}$. Ce rapport peut s'écrire $1 - \frac{H'}{H}$ et l'on voit alors que si $\frac{H'}{H}$ augmente, $\frac{H - H'}{H}$ diminue. Le rapport $\frac{H'}{H}$ avait été proposé par M. Contagne, pour exprimer l'état d'assimilabilité du calcaire; on voit qu'il indique plutôt un état de division d'autant plus grand qu'il est plus élevé et se rapproche davantage de l'unité. Il suffit toutefois pour que $\frac{H'}{H} = 1$ que $R = e$, c'est-à-dire que le rayon de toutes les particules de calcaire soit inférieur à l'épaisseur de calcaire dissous, correspondant à la limite d'attaque : cette épaisseur est presque toujours inférieure à $\frac{3}{100}$ de millimètre. L'expérience montre que cet état de division est dépassé par certains calcaires.

Afin de montrer comment l'état de division et la prédominance des fines particules dans le mélange font varier la valeur de $\frac{V - v}{V}$, nous avons calculé $\frac{V - v}{V} = \frac{\Sigma\,\eta\,(R - e)^3}{\Sigma\,\eta\,R^3} = \frac{\Sigma\,\eta\,(D - 2\,e)^3}{\Sigma\,\eta\,D^3}$ pour deux assemblages distincts. Le premier assemblage est le mélange de 10 lots égaux de 50 milligrammes contenant des particules de diamètres variant de $\frac{1}{10}$ en $\frac{1}{10}$ de millimètres depuis $0^{mm}1$ jusqu'à 1 millimètre. L'épaisseur de calcaire dissous, correspondant à la formation de tartrate adhérent est de $0^{mm}0125$; on en déduit $e = 0^{mm}0264$ et $2\,e = 0^{mm}0528$. L'expression $\eta\,(D - 2\,e)^3$, calculée pour chaque groupe de particules, a donné : $\Sigma\,\eta\,(D - 2\,e)^3 = 249{,}74$. D'autre part $\eta\,D^3 = 36$ et $\Sigma\,\eta\,D^3 = 360$. On a donc :

$$\frac{V - v}{V} = \frac{249{,}74}{360} = 0{,}694.$$

Le deuxième assemblage a été réalisé par le mélange de 10 lots inégaux, pour lesquels les poids étaient en raison inverse des diamètres. Le lot des particules de $0^{mm}1$ étant 10, celui des particules de 1 millimètre était représenté par 1. Le poids total des lots correspondait à 500 milligrammes. Le diamètre des particules variait de même que dans l'assemblage précédent de $\frac{1}{10}$ en $\frac{1}{10}$ de millimètre depuis $0^{mm}1$ jusqu'à 1 millimètre. L'épaisseur du calcaire dissous correspondant à la formation de tartrate soluble est $0^{mm}0139$; l'épaisseur de calcaire dissous correspondant à la formation de tartrate adhérent est de 0,0092. On en déduit : $e = 0{,}0231$ et $2\,e = 0{,}0462$. L'expression $\eta\,(D - 2\,e)^3$ calculée pour chaque groupe de particules a donné $\Sigma\,\eta\,(D - 2\,e)^3 = 206{,}45$. D'autre part on a trouvé $\Sigma\,\eta\,D^3 = 353{,}68$. On a donc :

$$\frac{V - v}{V} = \frac{206{,}45}{353{,}68} = 0{,}584.$$

Les surfaces initiales des particules sont $S = 3{,}310^{mmq}$ pour le premier assemblage et $S' = 4{,}490^{mmc}$ pour le second. On voit, en comparant ces valeurs à celles de $\frac{V - v}{V}$ que ce dernier quotient varie bien, comme nous l'avons indiqué, en sens inverse des surfaces.

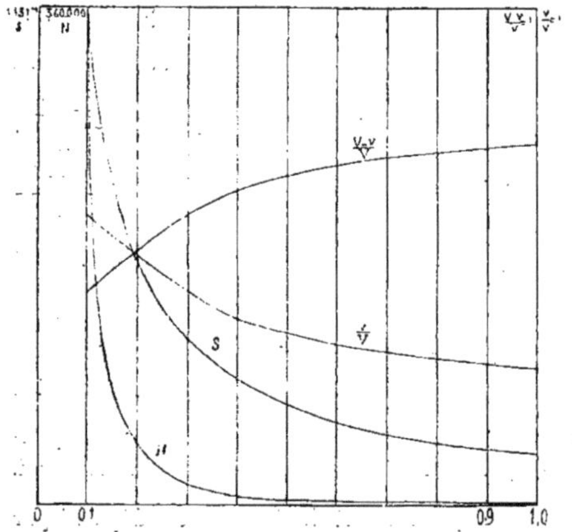

Si l'on forme les valeurs $\frac{v}{V}$ on trouve dans le cas du premier assemblage $\frac{v}{V} = 0{,}306$ et dans le cas du second $\frac{v}{V} = 0{,}416$. Le facteur $\frac{v}{V} = \frac{H'}{H}$ varie donc bien dans le même sens que les surfaces S et S'. Dans les deux cas particuliers que nous avons choisi la proportionnalité indiquée par l'équation $\frac{v}{V} = \frac{S}{S'}$ est même assez près d'être satisfaite.

Fig. 14. — Relation des facteurs $\frac{v}{V}, \frac{V-v}{V}$ avec la surface et le nombre des particules calcaires.

Enfin nous avons indiqué dans le tableau suivant, les valeurs de l'épaisseur de calcaire dissous et du quotient $\frac{(D-2e)^3}{D^3} = \frac{V-v}{V}$, dans l'attaque limitée à l'acide tartrique s'exerçant séparément un des poids de calcaire de 500 milligrammes constitués par des particules toutes égales entre elles, mais variant pour les divers lots séparément attaqués de $0^{mm}1$ à 1 millimètre. (V. fig. 14.)

Attaque limitée à l'acide tartrique de 500^{mgr}.

Diamètres	Surfaces des particules	Nombre des particules	e	$\frac{V-v}{V}$	$\frac{v}{V}$
$0^{mm}1$	11.310^{mmq}	360.000	0,0177	0,422	0,578
0 2	5 650	45.000	0,0212	0,484	0,516
0 3	3.770	13.320	0,0249	0,579	0,421
0 4	2.830	5.620	0,0285	0,630	0,370
0 5	2.260	2.880	0,0322	0,658	0,342
0 6	1.880	1.660	0,0359	0,681	0,319
0 7	1.610	1.050	0,0396	0,695	0,305
0 8	1.410	700	0,0433	0,708	0,292
0 9	1.250	490	0,0471	0,718	0,282
1 0	1.130	360	0,0506	0,726	0,274

On voit ainsi que lorsque le diamètre des particules diminue et que les surfaces et le nombre des particules vont en croissant, la valeur du facteur $\frac{V-v}{V}$ diminue et celle de $\frac{v}{V}$ augmente sans qu'il y ait toutefois aucune porportionnalité directe entre ces facteurs et les surfaces ou le nombre des particules. Il résulte toutefois de la discussion des divers cas d'assemblage que nous avons considérés, que l'on peut utilement rechercher dans la comparaison des valeurs de $\frac{V-v}{V} = \frac{H-H'}{H}$ ou de $\frac{v}{V} = \frac{H'}{H}$ obtenues pour les divers mélanges de particules calcaires, l'indication de la finesse comparée de leurs éléments et du développement de leur surface d'attaque.

Dans les expériences précédemment rapportées, où la solution d'acide tartrique attaquait des lames de calcaire de surface déterminée et d'une certaine étendue, on peut admettre que la surface de la lame qui supporte, après l'attaque, le précipité de tartrate, se confond sensiblement avec la surface initiale avant l'attaque. Il en est autrement dans le cas de l'attaque de particules d'un faible diamètre, telles que celles qui entrent dans la constitution des sols calcaires.

Le volume initial d'une particule calcaire de diamètre D sera $V = \frac{\pi D^3}{6}$ et sa surface extérieure $S = \pi D^2$. Après l'attaque à l'acide tartrique, le diamètre diminuera de 2 fois l'épaisseur e de l'attaque ; le volume final de la particule sera $V' = \frac{\pi (D-2e)^3}{6}$, et la surface après l'attaque sera $S' = \pi (D-2e)^2$.

Les surfaces avant et après l'attaque seront entre elles dans le rapport $\frac{S}{S'} = \frac{D^2}{(D-2e)^2}$, S' ne se confondra par suite avec S que si 2 e est négligeable par rapport à D et dans le cas où le diamètre initial est égal à 2 e la surface finale S' se réduit à zéro.

On voit facilement que dans le cas, où les particules calcaires d'un sol seraient toutes égales entre elles, il existerait une relation entre la surface après l'attaque et la surface initiale et que l'on pourrait aisément calculer l'une par l'autre. On trouve ainsi que, si l'attaque réduit le volume des particules de moitié, la surface finale n'est que les 0,63 de la surface initiale.

Il n'en est plus de même si l'on considère des assemblages de particules de diamètre différent. L'épaisseur du calcaire corrodé à la surface de chacune d'elles, est constante, mais la réduction de la surface est variable; elle est d'autant plus grande que les particules de faible diamètre prédominent dans le mélange. Nous avons calculé la réduction de surface, provoquée par l'attaque d'un sol calcaire comprenant 10 catégories de particules, de diamètre variant depuis $\frac{1}{10}$ de millimètre jusqu'à 1 millimètre. Chaque catégorie de particules était, de plus, représentée par un poids de calcaire égal au $\frac{1}{10}$ du poids total. On a supposé en outre que l'attaque à l'acide tartrique s'arrêtait lorsque le poids total du calcaire était réduit de moitié. L'épaisseur de l'attaque atteindrait dans ces conditions $0^{mm}0285$, et l'on a $2\ e = 0^{mm}057$. Le tableau suivant donne le nombre de particules comprises dans chaque lot pour un poids total de 500^{mgr} leur surface initiale et leur surface finale.

Relation entre la surface finale et la surface initiale.

Diamètres	$\frac{1}{10}$	$\frac{2}{10}$	$\frac{3}{10}$	$\frac{4}{10}$	$\frac{5}{10}$	$\frac{6}{10}$	$\frac{7}{10}$	$\frac{8}{10}$	$\frac{9}{10}$	1^{mm}
Nombre des particules	36.000	4.500	1,332	562	288	166	105	70	49	36
Surface initiale S =	1.131^{mmq}	565	377	283	226	188	161	141	125	113
Surface finale S' =	209	289	247	208	177	154	136	121	109	101
Rapport $\frac{S'}{S}$ =	0,185	0,510	0,658	0,737	0,785	0,820	0,842	0,860	0,872	0,894
Rapport des volumes $\frac{V'}{V}$ =	0,079	0,364	0,534	0,633	0,695	0,743	0,777	0,797	0,814	0,845

En additionnant les surfaces de chaque lot on trouve pour la surface initiale totale S = 3310 et pour la surface finale S' = 1751. Le rapport $\frac{S'}{S} = 0,53$.

On voit, en outre, que le décroissement de la surface à la fin de l'attaque sera d'autant plus rapide que les particules fines prédomineront dans le mélange. La surface se réduit en effet à 0,185 de la surface initiale dans le lot des particules de 1/10 de millimètre ; elle ne descend pas au-dessous de 0,894 dans le lot des particules de 1 millimètre de diamètre.

On observera en même temps que la réduction du volume initial sera d'autant plus grande que les particules seront plus fines. Le rapport des volumes est en effet égal à $\left(\frac{S'}{S}\right)^{\frac{3}{2}}$ il est par conséquent toujours inférieur au rapport des surfaces puisque $\frac{S'}{S}$ est toujours plus petit que l'unité. Le volume se réduit en effet à 0,079 du volume initial dans le lot des particules de 1/10 de millimètre ; il ne s'abaisse pas au-dessous de 0,845 dans le lot des particules de 1 millimètre de diamètre. On voit par suite que plus le calcaire sera ténu, plus grande aussi sera la proportion de calcaire dissous pour atteindre la limite d'attaque par l'acide tartrique.

Le calcaire contenu dans un sol sera donc d'autant plus chlorosant que le rapport du calcaire attaqué à l'acide tartrique au calcaire total attaqué à l'acide chlorhydrique sera élevé. En combinant cette indication avec la *détermination de la vitesse d'attaque à l'acide tartrique* mesurée sur le premier tiers du calcaire total attaqué, on obtiendra une caractéristique assez exacte du sol au point de vue du développement possible de la chlorose.

Nous avons cherché à vérifier par l'expérience l'exactitude de ces conclusions. Pour cela nous avons produit dans le flacon à réaction de l'inscripteur, l'attaque à l'acide tartrique de quantités croissantes d'un même calcaire dans un même état de division. Des poids de 250, 500, 1000, 1500 milligrammes de calcaire trituré et séparé au tamis n° 25 et n° 120 ont été successivement traités par 10^{cc} de la solution contenant $2^{gr},5$ d'acide tartrique. Le tableau suivant donne l'indication des surfaces initiales d'attaque correspondantes et la valeur des quantités de calcaire dissous dans chaque expérience jusqu'à la limite de la réaction.

ATTAQUE LIMITÉE DU CALCAIRE (COQUILLES TRITURÉES N° 1)

Poids de carbonate soumis à l'attaque	Surface initiale	Déviation limite du stylo	Poids de carbonate attaqué
250^{mgr}	$32^{cq}5$	$15^{mm}2$	125^{mgr}
500	65	27.0	223
1000	130	39.5	326
1500	195	45.5	375

Le poids de carbonate attaqué croît, on le voit, avec la grandeur de la surface initiale, mais toutefois moins vite qu'elle. Dans les expériences qui précèdent, la surface initiale variant de 1 à 6, le calcaire dissous a varié de 1 à 3. Il est facile de comprendre pourquoi la quantité de calcaire dissous n'est pas proportionnelle à la surface initiale des particules calcaires. Nous avons vu, en effet, que le tartrate de chaux ne se précipitait sur les particules que lorsque la solution acide était saturée de tartrate. La quantité de calcaire attaqué est égale à la somme de deux termes, l'un indépendant de la surface initiale : c'est la quantité de carbonate de chaux nécessaire à la saturation du liquide en tartrate, l'autre qui serait proportionnel à la surface initiale, si celle-ci n'était déja réduite par la formation du tartrate nécessaire à la saturation du liquide : c'est la quantité de carbonate de chaux nécessaire à la formation du tartrate précipité et adhérent qui limite l'attaque. Il suit de là également que si le calcaire contenu dans un sol est inférieur à la quantité de calcaire nécessaire à la formation du tartrate saturant, il sera attaqué en totalité par l'acide tartrique, quelle que soit la grosseur de ses particules constituantes. *La comparaison de l'attaque limitée par l'acide tartrique avec l'attaque totale à l'acide chlorhydrique perd ainsi sa signification quand la teneur du sol en calcaire s'abaisse au-dessous d'une certaine limite.* Dans les conditions expérimentales que nous avons adoptées pour l'examen des terres calcaires, ce n'est qu'au-dessus d'une teneur de 25 % que l'attaque limitée à l'acide tartrique donne une indication sur la valeur de la surface extérieure des particules calcaires. Nous avons calculé les valeurs de $\frac{v}{V}$ pour diverses teneurs du sol en calcaire et pour divers diamètres des particules.

VALEURS DU RAPPORT $\frac{v}{V}$

Diamètres	22 %	30 %	50 %	100 %
0mm1	1.00	0.957	0.844	0.750
0. 2	1.00	0.886	0.691	0.569
0. 5	1.00	0.813	0.564	0.373
1. 0	1.00	0.784	0.512	0.309

La dissolution *totale* du calcaire pour l'acide tartrique est réalisée pour les sols renfermant moins de 22 % de calcaire, quel que soit le diamètre des particules. Elle l'est encore lorsque le diamètre des particules est assez réduit pour que la quantité de tartrate mis en dissolution ou déposé à la surface des particules absorbe la totalité du calcaire avant que l'épaisseur du tartrate insoluble limitant l'attaque soit atteinte. Le calcul indique que pour une teneur de 30 % ce diamètre limite est de 0 m/m 05, pour une teneur de 50 % il s'abaisse à 0 m/m 035 et enfin pour un calcaire pur il n'est plus que de 0 m/m 030.

D'autre part, ainsi que le montrent les chiffres du tableau précédent, les variations du rapport $\frac{v}{V}$ pour une même différence dans les diamètres des particules calcaires sont d'autant plus étendues que le taux du calcaire est plus élevé. Ce n'est donc en général que pour des teneurs voisines en calcaire que l'on pourra comparer les valeurs du rapport $\frac{v}{V}$ pour en déduire l'indication des surfaces relatives présentées par les particules calcaires. Les indications présenteront le plus d'intérêt pour les sols riches en calcaire. *Au-dessous de la teneur de* 22 %, *la considération de la vitesse d'attaque* pendant le premier tiers de la réaction *pourra seule être utilisée* pour caractériser l'état physique du calcaire.

Nous avons également vérifié par l'expérience que la limite d'attaque à l'acide tartrique croit avec l'état de division pour les divers calcaires. A cet effet, nous avons attaqué par l'acide tartrique deux séries d'échantillons de calcaire séparés par des tamisages différents. L'échantillon n° 1 était compris entre le diamètre des mailles du tamis n° 25 et du tamis n° 120. L'échantillon n° 2 était inférieur aux mailles du tamis n° 120. La mesure de la perméabilité de chacun des échantillons a permis de déterminer la valeur approchée de la surface initiale offerte par les 500 milligrammes traités dans chaque opération. Le tableau suivant met, en regard des valeurs inégales des surfaces initiales, les quantités de calcaire dissous correspondant aux limites d'attaque :

LIMITE D'ATTAQUE DE 500mgr DE CALCAIRE

		Surface initiale	Calcaire total attaqué	Vitesse d'attaque
Spath......	N° 1	65cq	194mgr	0mgr14
	N° 2	412	306	4.32
Aragonite....	N° 1	75	207	0.16
	N° 2	818	267	1.87
C. Cipolin....	N° 1	76	215	1.09
	N° 2	552	356	5.42
C. Coquillier.	N° 1	103	190	1.78
	N° 2	1183	356	12.50

Nous avons rapporté dans le tableau ci-dessus, sous le titre : Vitesse d'attaque, les poids de calcaire attaqué par seconde pendant l'attaque des premiers 100 milligrammes de la roche. On voit que les limites d'attaque par l'acide tartrique fournissent bien une indication en relation avec la grandeur de la surface initiale et dans une certaine mesure indépendante de la vitesse d'attaque spécifique. Celle-ci, on se le rappelle, intervient concurremment avec la surface pour fixer la valeur du calcaire attaqué par seconde. Les échantillons n° 1 de l'aragonite et du calcaire cipolin qui présentent des surfaces initiales égales, 75 et 76 ^{cq}, ont une limite d'attaque fort voisine, 207 et 215 ^{mgr}, bien que les poids de calcaire attaqués par seconde soient fort différents 0 ^{mgr} 16 et 1 ^{mgr} 09.

On voit toutefois qu'il n'existe pas de relation directe absolue entre les limites d'attaque à l'acide tartrique et les surfaces initiales des particules calcaires. Les discordances observées s'expliquent par la réduction variable éprouvée par la surface initiale suivant la proportion des particules de divers diamètres dans le mélange. Le sens général indiqué par l'élévation de la limite d'attaque est toutefois l'accroissement de la surface initiale.

On voit qu'il est en quelque sorte possible de distinguer par l'attaque à l'acide tartrique les deux éléments qui président à la nocivité du calcaire dans le sol, savoir : d'une part, *la surface des particules calcaires* en relation avec la limite d'attaque à l'acide tartrique, et, d'autre part, la *vitesse d'attaque spécifique de la roche* que l'on peut déduire du temps nécessaire pour attaquer le premier tiers du calcaire total. Nous verrons plus loin dans l'application de notre méthode à l'examen des terres calcaires quelle peut être la représentation numérique de ces deux éléments essentiels de l'état physique du calcaire.

ÉTUDE DE L'ÉTAT PHYSIQUE DU CALCAIRE

CONTENU DANS DIVERS SOLS

La méthode que nous avons appliquée à l'examen de l'état physique du calcaire contenu dans les divers sols est déduite essentiellement des résultats expérimentaux rapportés dans les chapitres précédents. Les trois éléments principaux dont nous proposons la mesure pour servir de caractéristique au pouvoir chlorosant des sols calcaires sont les suivants :

1° Détermination de la perméabilité du sol et de son état de division ;

2° Mesure de la vitesse d'attaque pendant le premier tiers de la réaction ;

3° Détermination du rapport $\frac{p}{P}$ du poids de calcaire attaqué à l'acide tartrique au poids de calcaire attaqué par l'acide chlorhydrique dilué au 1/4 à froid et au bout d'un quart d'heure.

Détermination de la perméabilité des sols. — Cette détermination a été faite comme celle des échantillons de divers calcaires dont on a déterminé précédemment (voir p 000) la surface totale extérieure des particules pour l'évaluation de la vitesse d'attaque spécifique. Une précaution essentielle est toutefois à observer, c'est d'amener le sol préalablement desséché dans un état de division semblable à celui qui est réalisé lorsqu'il est imbibé d'eau à saturation. A cet effet, 3 grammes du sol sont délayés avec le doigt dans 15 ^{cc} d'eau versés dans une capsule de porcelaine. On porte à l'étuve à 100° pour évaporer à siccité; on ajoute alors 5^cc d'éther sulfurique et l'on délaye de nouveau. On laisse évaporer à l'air libre, puis on termine la dessiccation à l'étuve à 100°. On obtient, grâce à ce traitement, une masse parfaitement dissociée et pulvérulente, que l'on passe au tamis de 1 millimètre. La mesure de la perméabilité est faite sur 2 grammes de l'échantillon à l'aide de l'appareil précédemment décrit. On déduit de la valeur de la perméabilité, de la densité brute et de la densité réelle du sol l'indication de la surface des particules pour 2 grammes.

Mesure de la vitesse d'attaque. — Il n'est pas possible de déterminer la *vitesse d'attaque spécifique* du calcaire contenu dans le sol ou vitesse d'attaque par unité de surface parce que ce dernier élément n'est mesurable que dans le seul cas où le sol serait constitué par du calcaire pur. Nous désignons par *vitesse d'attaque du calcaire dans le sol* le nombre de milligrammes de calcaire attaqué par seconde par l'acide tartrique pendant le premier tiers de l'attaque totale. Nous appelerons *vitesse d'attaque du sol calcaire* le produit de la vitesse d'attaque du calcaire par le taux du calcaire contenu dans le sol. Cette dernière vitesse d'attaque mesure plus spécialement le pouvoir chlorosant du sol lié à la fois à la vitesse d'attaque du calcaire et à sa proportion dans le sol. La *vitesse d'attaque du calcaire* représente en quelque sorte la *vitesse d'attaque spécifique* précédemment déterminée pour diverses variétés de calcaire, avec cette différence essentielle toutefois qu'elle est relative à 1 gramme du sol, quelle que soit sa teneur en calcaire, tandis que la *vitesse spécifique* était rapportée à l'unité de surface. Un sol à 10 % de calcaire pourra avoir une vitesse d'attaque du calcaire de 20 milligrammes par seconde aussi élevée que celle d'un sol à 50 % de calcaire. Cela prouve que pendant le premier tiers de la réaction, l'unité de poids de calcaire est aussi rapidement attaquée dans le premier sol que dans le second. Mais, comme dans l'unité de poids du sol la dose de calcaire est cinq fois plus grande dans l'un que dans l'autre, le pouvoir chlorosant du dernier sol sera évidemment plus élevé et lié par suite à la vitesse d'attaque du sol calcaire. Cette vitesse sera $20 \times 0{,}10 = 2{,}0$ pour le premier sol et $20 \times 0{,}50 = 10$ pour le second.

L'attaque du sol calcaire doit être faite sur le sol desséché et divisé préalablement à l'éther sulfurique comme pour la mesure des perméabilités. L'expérience montre qu'un sol délayé simplement à l'eau présente toujours une vitesse d'attaque inférieure à celle mesurée sur le sol préalablement délayé à l'éther, desseché, puis repris par l'eau. La marche de l'attaque est également beaucoup plus régulière dans le second cas que dans le premier.

Détermination du rapport $\frac{p}{P} = \frac{v}{V}$. — Le rapport du poids de calcaire attaqué à l'acide tartrique au poids de calcaire attaqué à l'acide chlorhydrique à froid et au bout d'un quart d'heure a été obtenu en mesurant, sur les graphiques d'attaque, l'ordonnée maxima H′ correspondant à la limite d'attaque par l'acide tartrique sur un gramme du sol, et l'ordonnée H de la courbe d'attaque à l'acide chlorhydrique correspondant au temps $t = 900$ secondes $= 1/4$ d'heure pour 1 gramme du sol. Le quotient des ordonnées $\frac{H'}{H}$ donne la valeur de $\frac{v}{V} = \frac{p}{P}$. Ce rapport, qui est lié à la grandeur de la surface initiale des particules calcaires et qui croît avec elle, ne possède une signification qu'au-dessus de 25 % de calcaire dans les conditions de l'expérience. Il ne peut, de plus, servir qu'à comparer entre eux des sols présentant une teneur voisine en calcaire.

Nous avons limité à 1/4 d'heure la durée de l'attaque à froid de l'acide chlorhydrique, afin d'éliminer en grande partie l'acide carbonique provenant des calcaires magnésiens très lentement attaquables et qui n'exercent pas d'action sur le développement de la chlorose. Pour les sols à calcaire non magnésien, l'attaque est le plus souvent égale, au bout de 1/4 d'heure, à la valeur qu'elle présente après un intervalle de plusieurs heures. Le calcaire total dosé au bout de 1/4 d'heure correspond par suite assez exactement au calcaire actif dans le développement de la chlorose.

Les terres que nous avons examinées proviennent de plusieurs régions distinctes. Les terres des Charentes et d'Amérique ont été prélevées parmi les nombreux échantillons rassemblés au laboratoire de viticulture et de recherches viticoles de l'École d'agriculture par MM. Viala et Ravaz; ils ont été mis gracieusement à notre disposition par MM. Foëx et Viala. Nous leur avons conservé le numéro d'ordre qu'elles ont dans le livre de M. Viala : *Une Mission viticole en Amérique*, afin que le lecteur puisse, au besoin, consulter leurs analyses physique et chimique publiées dans le même ouvrage par M. Chauzit. La série des terres du département de l'Hérault a été prélevée par nous-même sur plusieurs vignobles appartenant à plusieurs formations géologiques du département. Plus d'une centaine de sols et de sous-sols ont été examinés. Nous rapportons dans les tableaux suivants les éléments caractéristiques de ceux qui nous ont paru présenter le plus d'intérêt soit par l'état physique de leur calcaire, soit par les conditions de développement de la chlorose.

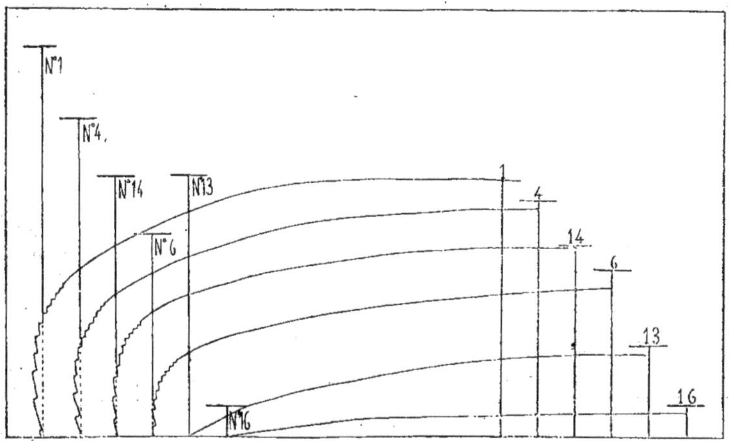

Fig. 15. — Graphiques des vitesses d'attaque. Terres d'Amérique.

SÉRIE DES TERRES CALCAIRES D'AMÉRIQUE

	H Ac. chlor.	H' Ac. tart.	$\frac{v}{V}$	CALCAIRE p. 0/0	VITESSE D'ATTAQUE du calcaire — 1er tiers	VITESSE D'ATTAQUE du calcaire — 2e tiers	VITESSE d'attaq. de la Terre	SURFACE p. 2 gr.
N° 1, sol de Belton	107mm	71mm	0.655	88.3	41mgr3	»	36.4	910cq
N° 4, sol d'Austin	88	66	0.750	72.5	36.0	5.1	26.1	4008
N° 14, sol et sous-sol de Lampasas..............	72	54	0.750	59.3	37.4	4.3	22.2	5234
N° 6, sol du Temple	56	46	0.820	46.2	21.7	2.37	10.2	2586
N° 13, sol de Cleburne....	72	25.5	0.354	59.3	1.22	»	0.72	1098
N° 16, sol de Denison.....	7.7	7.7	1.00	6.35	1.16		0.073	3690

4

Les notes qui accompagnent dans *une Mission viticole en Amérique* la description des sols énumérés ci-dessus correspondent assez bien à la classification du degré de pouvoir chlorosant révélé par l'examen de l'état physique de leur calcaire. Les sols sont classés dans le tableau précédent par ordre de pouvoir chlorosant décroissant indiqué par la valeur de la vitesse d'attaque du sol calcaire. D'après MM. Viala et Chauzit, les sols n°1, n° 4 et n° 6 sont des sols chlorosants par excellence ; ils se classent dans le groupe des sols à Berlandieri ; aucun autre cépage américain ne s'y développe. Le sol n° 14 où se développe le *V. Monticola* est moins chlorosant que le n° 6 ; il paraît donc classé trop haut dans la série d'après l'analyse de l'état physique du calcaire ; mais il faut remarquer que l'analyse a porté sur un mélange du sol et du sous-sol : or l'examen comparé des sols et des sous-sols de cette région montre que le sous-sol est toujours beaucoup plus chlorosant que le sol. Le sol n° 13 est un sol à *V. Champin*. On a reconnu que ce cépage est peu résistant à la chlorose, mais sa présence dans un sol aussi calcaire que celui de Cleburne avait fait supposer qu'il pouvait s'adapter assez bien aux sols calcaires. L'analyse de l'état physique du calcaire de Cleburne supprime nettement cette contradiction apparente. Le calcaire, bien que très abondant, 59,3 %, y présente une faible surface révélée par la moindre valeur de $\frac{v}{V} = 0{,}354$ et la vitesse d'attaque se réduit à 0,72, tandis qu'à égalité de calcaire elle atteint 22,2 dans le sol de Lampasas. Enfin le sol de Denison est un sol à Mustang cépage plus chlorosable que le *V. Champin* et le *V. Monticola*.

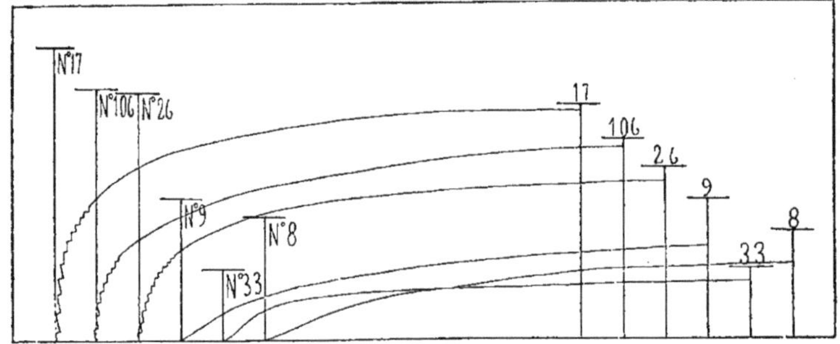

Fig. 16. — Graphiques des vitesses d'attaque. Terres des Charentes.

SÉRIE DES TERRES CALCAIRES DE CHARENTES

	H Ac. chlor.	H' Ac. tart.	$\frac{v}{V}$	CALCAIRE p. 0/0	VITESSE D'ATTAQUE du calcaire		VITESSE d'attaq. de la Terre	SURFACE p. 2 gr.
					1er tiers	2e tiers		
N° 17, sol de Chevillon....	69.6	56	0.805	57.4	45.5	16.1	26.2	5.681cq
N° 7 (M), sol de Jarnac....	57	46	0.800	47.4	23.2	5.5	11.07	2.011
N° 106, sol d'Angeac......	60	47.5	0.790	49.5	18.6	3.47	9.2	2.361
N° 26, sol de St-Jean d'Angély..................	59	41	0.695	48.7	18.6	0.94	9.1	3.013
N° 19, terre des Ecuroles .	50.2	42.1	0.840	41.5	21.5	4.05	8.9	4.788
N° 32, terre de Conteneuil.	47	42	0.890	38.7	20.2	3.89	7.85	2.852
N° 9 (M), sol environs de Cognac...............	34.0	32.8	0.935	28.0	3.94	0.83	1.10	2.392
N° 33, terre de Conteneuil.	16.4	16.2	0.980	13.5	8.25	2.37	1.12	1.179
N° 8 (M), sol environs de Cognac...............	29.4	25.8	0.890	24.3	2.82	0.558	0.68	2.817

Dans les nos 17, 26, 19, 32, aucun cépage américain ne réussit dans la Charente-Inférieure ; il en est de même du n° 106 de la Charente. Le n° 7 (M) nous a été adressé de Jarnac sans indication culturale ; il est destiné à la reconstitution et nous n'avons pu que signaler à son propriétaire son identité malheureusement à peu près complète avec le n° 106 d'Angeac. Le n° 9 (M) est un sol des environs de Cognac, où les vignes américaines dépérissent. Sur le n° 33, malgré la présence d'un sous-sol exclusivement calcaire, les vignes américaines se développent d'une manière satisfaisante, tout au moins pendant les premières années. Enfin le n° 8 (M) est un échantillon prélevé dans un champ voisin du n° 9 (M) et dans lequel les vignes américaines prospèrent tandis qu'elles périclitent dans le n° 9 (M).

Le sol A_1, dont le sous-sol à 0m50 est constitué par un affleurement des marnes blanches pliocènes à rognons de calcaire friable, supporte des Aramons greffés sur Riparias très fortement chlorosés. Le sol H_1 présente une vitesse d'attaque qui semblerait lui attribuer un pouvoir chlorosant plus élevé que celui qu'il possède en réalité. Ce sol dérive des marnes bleues miocènes où le calcaire est associé à une proportion élevée d'argile. Divers auteurs, notamment M. Cazeaux-Cazalet, ont signalé l'atténuation de la chlorose par l'élévation du taux de l'argile associée au calcaire. Le sol H_1 est planté en Jacquez non chlorosés, mais qui ne présentent pas néanmoins une grande vigueur. La terre C_1 de Fontcouverte dérive du calcaire lacustre éocène ; la vitesse d'attaque y varie peu avec la profondeur, mais y est élevée; ce sol est planté en Aramons greffés sur Riparias fortement chlorosés au point où l'échantillon a été prélevé. La terre K_1 a été

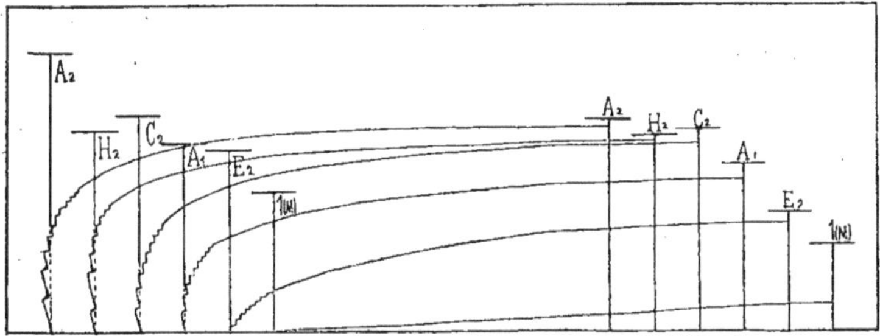

Fig. 17. — Graphiques des vitesses d'attaque. Terres de l'Hérault.

prélevée en un point spécialement chlorosé de la nouvelle collection de vignes de l'Ecole d'agriculture. La vitesse d'attaque, faible à 0m20, s'élève à 8,28 à 0m 50. Le sol E_1 a été pris dans un carré de l'ancienne collection de vignes américaines planté actuellement en Berlandieri résistants à la chlorose. Les Riparias jaunissaient sur le même emplacement. La terre B_1 appartient à la même parcelle de vigne que le sol A_1, mais le point où l'échantillon a été pris est indemne de chlorose. Le n° 3 (M) est un sable de Montpellier, d'origine pliocène (carrière du Rochet), et le n° 1 (M), un sable des dunes de Palavas. L'un et l'autre ne déterminent pas la chlorose.

Relations de $\frac{v}{V}$ avec la vitesse d'attaque du calcaire. — Si la vitesse d'attaque spécifique des diverses variétés de calcaire contenu dans le sol était constante,

SÉRIE DES TERRES CALCAIRES DE L'HÉRAULT

	H Ac. chlor.	H' Ac. tart.	$\frac{v}{V}$	CALCAIRE p. 0/0	VITESSE D'ATTAQUE du calcaire		VITESSE d'attaq. de la Terre	SURFACE p. 2 gr.
					1er tiers	2e tiers		
A_2 sol vigne Mandon à 0m50.	63	48	0.760	52	51.5	6.95	26.79	6.053cq
A_1 id. 0.20.	43	37	0.860	35.5	22.8	3.73	8.08	4.584
H_2 sol de marne bleue à 0m50	46	44	0.955	37.9	60.0	18.8	22.8	18.829
H_1 sol de marne bleue à 0m20	46	40.5	0.88	37.9	43.1	8.41	17.2	12.135
C_2 terre de Fontcouverte à 0m50	49	45.5	0.930	40.5	32.13	9.46	13.01	4.724
C_1 terre de Fontcouverte à 0m20	51	41.5	0.815	42.1	23.63	3.69	9.95	3.719
K_2 sol collection de vignes Ecole à 0m50	30	29	0.970	24.8	33 41	8.02	8.28	3.185
K_1 sol collection de vignes Ecole à 0m20	20.5	20.5	1.00	16.10	14.83	3.30	2.38	2.937
E_2 sol collection de vignes Ecole à 0m50	41	27	0.655	38.8	5.28	0.26	1.78	2.425
E_1 sol collection de vignes Ecole à 0m50	43	28.5	0.663	35.5	5.98	0.26	2.12	2.607
B_2 vigne Mandon, partie haute à 0m50	27	25	0.925	22.3	15.01	3.68	3.35	3.462
B_1 vigne Mandon, partie haute à 0m20	22.5	19	0.845	18.5	7.82	1.43	1.45	2.439
N° 3 (M) sable de Montpellier	32.4	22.6		26.7	0.86	0.23	0.23	358
N° 1 (M) sable de Palavas	31	19.5	0.630	25.7	0.42	»	0.11	316

la vitesse d'attaque du calcaire serait proportionnelle à la surface des particules de cette substance ; elle serait, par suite, en relation directe avec la valeur de $\frac{v}{V}$ pour un même taux de calcaire. Les résultats donnés par l'examen de l'état physique des sols que nous avons étudiés semblent indiquer que, si les *vitesses d'attaque spécifiques des divers calcaires* contenus dans les sols ne sont pas constantes, elles oscillent du moins entre des limites beaucoup plus étroites que celles des surfaces présentées par l'unité de poids des sols observés. Les indications déduites de la comparaison des valeurs de $\frac{v}{V}$ se confondent le plus souvent avec celles données par la mesure de la vitesse d'attaque du calcaire. Nous citerons comme exemple dans la série des terres d'Amérique les sols n° 14 et n° 13 qui, pour un taux égal de calcaire 59,3 %, présentent des vitesses d'attaque respectives de 37,4 et 1,22 en même temps que la valeur de $\frac{v}{V}$ passe de 0,750 sol n° 14 à 0,354 sol n° 13. De même, dans la série des terres de l'Hérault, le sol H_2 et le sol E_2 présentant l'un et l'autre des teneurs voisines en calcaire 37,9 et 38,8 sont caractérisés par des vitesses d'attaque du calcaire très inégales auxquelles correspond une variation marquée du rapport $\frac{v}{V}$ qui s'abaisse de 0,955 à 0,655. Enfin les sables à éléments calcaires grossiers de Palavas et le sol K_2, bien que sur la limite du taux de calcaire où le rapport $\frac{v}{V}$ cesse de donner une indication de la grandeur des surfaces, présentent pour des vitesses d'attaque respectives 0,42 et 33,41 des valeurs de $\frac{v}{V}$ assez différentes, 0,630 et 0,970.

Relations de la vitesse d'attaque du calcaire avec l'état de division du sol. — Dans les sols où le calcaire prédomine, l'état de division moyen du sol ne peut être qu'assez voisin de celui du calcaire. La mesure de la perméabilité pour les sols de cette nature peut donc donner une première indication de l'état physique du calcaire. D'une manière générale, dans un sol très divisé, les particules calcaires présentent un degré de finesse assez élevé. Nous comparerons dans le tableau suivant les vitesses d'attaque du calcaire avec les surfaces des particules calculées pour 2 grammes d'après les mesures de perméabilité. Nous n'avons introduit dans cette comparaison que les sols possédant une teneur en calcaire supérieure à 25 %.

COMPARAISON DES VITESSES D'ATTAQUE DU CALCAIRE ET DES SURFACES DES PARTICULES DU SOL.

Désignation des sols	Teneur en calcaire	Vitesse d'attaque du calcaire	Surface pour 2 gr. du sol
N° 14 Amérique....	50.3 %	37mgr4	5.234cq
N° 4 —	72.5	36.0	4.008
N° 6 —	46.2	21.7	2.586
N° 13 —	59.3	1.22	1.098
N° 17 Charentes....	57.4	45.5	5.681
N° 19 —	41.5	21.5	4.788
N° 26 —	48.7	18.6	3.013
N° 32..............	38.7	20.2	2.852
N° 106............	49.5	18.6	2.361
N° 7 (M)...........	47.4	23.3	2.011
H_2 Hérault.........	37.9	60.0	18,829
H_1 —	37.9	45.1	12.135
A_2 —	52.0	51.5	6.053
C_2 —	40.5	32.13	4.729
A_1 —	35.5	22.18	4.584
C_1 —	42.1	23.63	3.719
K_2 —	24.8	33.41	3.185
E_1 —	35.5	5.98	2.607
E_2 —	38.8	5.28	2.425

On voit que si, d'une manière générale, la surface décroît dans chaque série en même temps que la vitesse d'attaque, on ne saurait toutefois prendre l'un de ces éléments comme expression de l'autre. La détermination de l'état de division du sol reste néanmoins un élément utile à déterminer, car elle règle la circulation de l'eau dans le sol qui exerce à son tour une influence manifeste sur le développement de la chlorose.

CONCLUSIONS GÉNÉRALES

Parmi les divers éléments caractéristiques de l'état physique du calcaire, la *vitesse d'attaque du sol calcaire* paraît être celui qui est le plus directement lié au développement de la chlorose. Cette vitesse d'attaque est en effet liée à la fois au taux du calcaire et à la valeur de sa vitesse d'attaque. Une vitesse d'attaque de la terre calcaire supérieure à 20 indique une chlorose meurtrière ; de 10 à 20 la chlorose est intense; elle peut se développer avec une gravité fort variable dans certains sols caractérisés par des vitesses s'abaissant jusqu'à 2. Au-dessous de la vitesse 1 la chlorose n'est généralement pas à redouter.

Nous devons avouer cependant que nous avons rencontré, parmi les nombreux sols examinés, plusieurs exceptions à ces règles générales. C'est que l'intensité du développement de la chlorose n'est pas uniquement liée à la présence du calcaire et à son état physique. Plusieurs éléments distincts concourent à atténuer ou à aggraver l'action chlorosante du calcaire; nous signalerons en particulier, l'influence de l'humus, le taux d'humidité du sol, l'existence d'une proportion élevée d'argile associée au calcaire. La plupart des sols chlorosants des Charentes contiennent une proportion élevée d'humus qui a varié, d'après les analyses de M. Chauzit pour les n°s 17, 19, 26, 106 des Charentes précédemment examinés, de 0,412 à 0,803 0/0. Plusieurs sols chlorosants à faible dose de calcaire ont été trouvés particulièrement riches en humus. On comprend, en effet, que l'abondance des matières organiques dans le sol puisse favoriser, avec la production de l'acide carbonique, la dissolution du calcaire. La présence de l'humidité en proportion variable dans le sol nous a paru le plus souvent déterminer les irrégularités constatées dans le développement de la chlorose observée sur divers points souvent très rapprochés d'un même vignoble. L'analyse de l'humidité du sol, après la longue période de sécheresse de l'année 1893, le 8 juillet, nous a donné pour un point chlorosé du vignoble de Fontcouverte à 0^{m}50 de profondeur 14,89 0/0 d'humidité tandis qu'un point non chlorosé n'en contenait que 10,21 0/0. L'état physique du calcaire était à peu près identique dans les deux parcelles.

Un certain nombre de dosages d'humidité, faits à la même époque dans divers sols chlorosés et non chlorosés, nous ont constamment donné un excès sensible d'humidité en faveur des sols chlorosés. Cet excédent d'humidité peut d'ailleurs assez souvent être lié à l'état physique du calcaire qui, plus finement divisé et plus chlorosant, est en même temps plus favorable à la conservation de l'humidité dans les assises inférieures du sol. Il est également possible qu'un excès d'argile associée au calcaire puisse, en diminuant considérablement l'activité de la circulation des eaux dans le sol, empêcher le renouvellement des atmosphères d'acide carbonique et réduire la vitesse de dissolution du calcaire.

Malgré les quelques incertitudes présentées par certains sols, la méthode que nous venons de proposer pour l'examen des terres calcaires nous paraît devoir conduire à des résultats utiles pour la pratique de la reconstitution des vignobles en sols calcaires. L'appareil enregistreur qui a servi à nos mesures était nécessaire pour un travail de recherches, mais n'est pas absolument indispensable pour la détermination de l'état physique du calcaire. On pourra lui substituer soit l'appareil de M. de Montdésir, soit le calcimètre de M. Bernard pourvu qu'on se conforme aux conditions de réaction que nous avons observées dans nos recherches. Les sols déclarés suspects par la mesure de la vitesse d'attaque ou le rapport du calcaire attaqué à l'acide chlorhydrique et à l'acide tartrique devront, avant leur reconstitution, être l'objet d'essais préalables de plantation sur une petite échelle afin d'obtenir une indication plus précise du cépage convenable pour leur reconstitution. Pour des sols d'une même région caractérisés par des conditions hydrologiques équivalentes, la mesure de l'état physique du calcaire et l'évaluation de la teneur du sol en cet élément pourront, dans un certain nombre de cas, faire prévoir la nature des cépages américains compatibles avec les sols en question, et cela avec d'autant plus de sûreté que des comparaisons pourront être faites dans une même région avec des vignobles déja reconstitués. En un mot, si nous ne pouvons attendre de la mesure de l'état physique du calcaire le classement absolu des sols au point de vue de leur reconstitution, nous pouvons du moins en espérer une indication assez précise de leur *identité* avec divers sols déja reconstitués.

Dans la question de la chlorose engendrée par le calcaire, plusieurs éléments ont été successivement dégagés. On a commencé par le taux du calcaire ; on a continué par la détermination de son état physique. La question ne sera complètement résolue que lorsqu'on aura obtenu une mesure précise de chacun des éléments distincts qui interviennent dans le phénomène. Nous nous sommes proposé de préciser la détermination de l'un des éléments qui nous a paru avoir une action prépondérante dans le développement de la chlorose, et nous serions heureux si nos recherches pouvaient éviter aux viticulteurs quelques tâtonnements dans l'œuvre difficile et souvent onéreuse de la reconstitution des vignobles en sols calcaires. Les relations observées entre l'état physique du calcaire et le développement de la chlorose semblent légitimer cet espoir ; mais, faute de pouvoir réaliser complètement toutes les conditions de l'expérience, l'expérimentation du laboratoire doit se borner le plus souvent à indiquer la probabilité de la réalisation des faits observés lorsqu'ils sont transportés dans le domaine de la pratique viticole ; à cette dernière seule, il appartient de juger en dernier ressort.

F. HOUDAILLE. L. SÉMICHON.

Paris. — Imprimerie F. Levé, rue Cassette, 17.

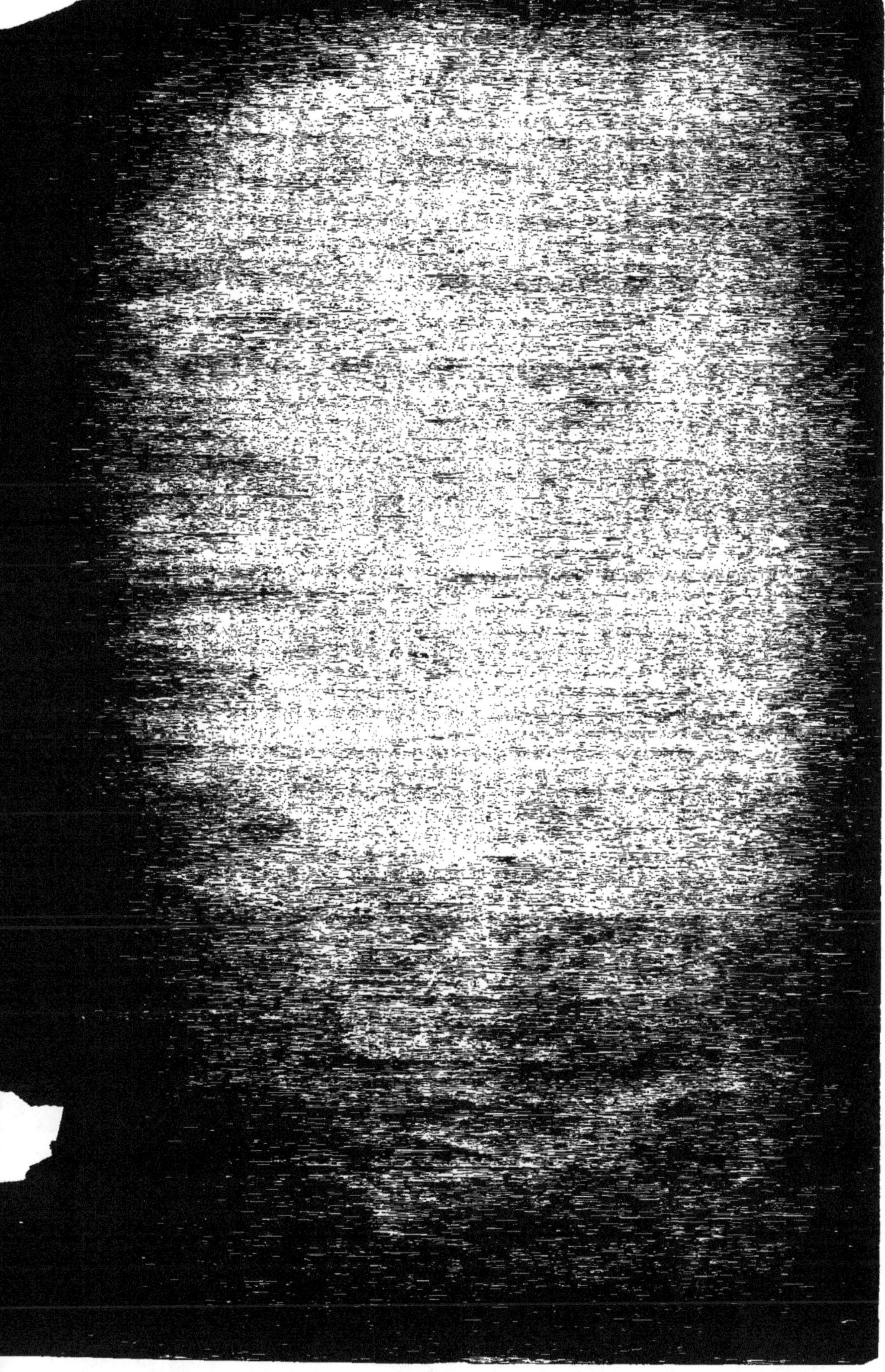

www.ingramcontent.com/pod-product-compliance
Ingram Content Group UK Ltd.
Pitfield, Milton Keynes, MK11 3LW, UK
UKHW012258240726
13966UKWH00004B/1475

9 782011 909411